U0642674

Self-Hypnosis
The Key to Athletic Success

HMI
科学催眠丛书

催眠赋能
让你在运动场上超常发挥

〔美〕约翰·卡帕斯 ● 著

孔德方 张玲瑛 郑慧春 ● 译

北京科学技术出版社

SELF–HYPNOSIS: THE KEY TO ATHLETIC SUCCESS

Published by Panorama Publishing Company

Translation Copyright ⓒ2022 by Beijing Science and Technology Publishing Co.,Ltd.

著作权合同登记号　图字：01-2020-4294

图书在版编目（CIP）数据

催眠赋能：让你在运动场上超常发挥 /（美）约翰
·卡帕斯著；孔德方，张玲瑛，郑慧春译 . –– 北京：
北京科学技术出版社，2022.1

书名原文：Self–Hypnosis: The Key to Athletic
Success

ISBN 978–7–5714–1651–5

Ⅰ . ①催… Ⅱ . ①约… ②孔… ③张… ④郑… Ⅲ .
①催眠术—教材 Ⅳ . ① B841.4

中国版本图书馆 CIP 数据核字（2021）第 129387 号

策划编辑：王跃平
责任编辑：苑博洋
责任校对：贾　荣
封面设计：何　瑛
责任印制：张　良
出 版 人：曾庆宇
出版发行：北京科学技术出版社
社　　　址：北京西直门南大街 16 号
邮政编码：100035
电　　　话：0086-10-66135495（总编室）
　　　　　　0086-10-66113227（发行部）
网　　　址：www.bkydw.cn
印　　　刷：三河市华骏印务包装有限公司
开　　　本：710 mm×1000 mm　1/16
字　　　数：157 千字
印　　　张：13
版　　　次：2022 年 1 月第 1 版
印　　　次：2022 年 1 月第 1 次印刷
ISBN　978–7–5714–1651–5

定　　　价：78.00 元

译者序
破解运动冠军超常发挥的秘密

亲爱的读者朋友，当您捧起此书时，请盯住书名中"超常发挥"这4个字，做个深呼吸，然后闭上眼睛问自己一个问题——

这是不是我最想要的结果？

此时此刻，您可能会说：当然，谁不想要这种结果呀？！

那么，问题来了——

既然超常发挥是每位运动员都想要的状态，那为什么只有一小部分人才能拥有这种状态呢？

为什么有些运动员能在巨大的压力之下保持冷静、发挥出色、处处表现出最棒的自己，更多的运动员虽在日常训练时发挥出色，却在正常比赛中状况频出，每到关键时刻就表现得不尽如人意，甚至发挥失常呢？

或许您也听说过奥运史上最悲情的运动员——美国射击名将马修·埃蒙斯的故事。

埃蒙斯曾在多次国际大赛中获得冠军，实力毋庸置疑，但是他却连续3届奥运会都败于最后一枪。

2004年雅典奥运会，男子50米步枪三姿决赛，埃蒙斯最后一枪竟然将子弹打到了别人的靶子上，而且还是 10.6 环，这是一个打到自己靶子上都很难得到的环数。

2008 年北京奥运会，同样是男子 50 米步枪三姿决赛，埃蒙斯的噩梦继续。在倒数第二轮领先将近 4 环的情况下，最后一枪他的子弹是打在了自己的靶子上，但只有 4.4 环。

2012 年伦敦奥运会，依然是男子 50 米步枪三姿决赛，埃蒙斯再一次失手。他在决赛第 9 枪还领先对手 1 环多的情况下，最后一枪只打出 7.6 环。

如果埃蒙斯只失误一次，也不会引发如此大的关注，因为在体育运动的历史上，这种具备夺冠实力而错失冠军的案例太多了。埃蒙斯失利之所以成为一种被热衷探讨的现象，是因为他前后 12 年、连续 3 届奥运会都栽在同样的问题上。究竟发生了什么，让男子 50 米步枪三姿决赛成了埃蒙斯的梦魇？

随着体育竞技水平的不断提高，运动员之间的成绩差距日益缩小，在身体素质、技术训练水平相当时，运动员的心理因素往往对比赛的胜负起着决定性的作用。其实，在 2008 年北京奥运会之后就有不少专家开始研究埃蒙斯失利的原因。虽然也有人表达对埃蒙斯遭遇"不公命运"的同情，或因他连续倒霉的遭遇而叹息，但更多的人从理性层面思考，将"埃蒙斯魔咒"归因于心理因素，并对此进行了深入的研究。但是，因为心理学流派众多，每个流派又有不少分支，都有自己独特的理论模型，于是，"埃蒙斯魔咒"就有了各种各样的诠释，相应地，也有了各种各样的解决方案。

有人将"埃蒙斯魔咒"解释为"情结表现"，说是埃蒙斯因为以往的生活经历和情感，导致后来出现移情，让他的潜意识产生"故意要输"的念头，比如，因为渴望重复得到妻子的安慰。

有人将"埃蒙斯魔咒"解释为"心理创伤"，说他成就动机过大，太想要那块金牌了，太强的期待与之前的懊悔、失落产生巨大冲突，从而出现心理失衡。

有人将"埃蒙斯魔咒"解释为"紧张失控"，说他在比赛中的焦虑程度会与射击环数的上涨成正比，即他射击越准确，心中的焦虑程度就越高，以至于最后因为过度紧张焦虑导致体能下降，出现技术变形失控。

…………

众专家对"埃蒙斯魔咒"的理论解释及提出的各种解决方案有一个共同的缺陷，就是听起来很有道理，但操作起来往往可能会无从下手。

其实，埃蒙斯本人也曾寻求美国运动心理学家比尔·科尔的帮助，比尔·科尔为埃蒙斯提供了3个解决办法：由你自己来定义什么是失败；从那些失败中汲取宝贵的经验教训，然后再也不要揭开这道伤疤；找些幽默的方式，调侃下那些曾经刻骨铭心的伤痛。

显然，比尔·科尔提出的方案跟其他专家的建议类似，在落地性方面都会遇到挑战。

比如，专家们建议，"应该学会积极思考，自己定义成败""应该抛弃杂念，集中注意力""应该突破心理障碍，调整动机水平""应该提升心理素质，不要紧张"……

问题是，我具体该怎么做？做不到该怎么办？

我积极思考，把每次失败都定义为成功，下次就真的能获得成功了？

我抛不掉杂念，集中不起注意力，越是想不胡思乱想，就越是胡思乱想，怎么办？

我尝试过突破心理障碍，甚至参加过潜能激发的突破课程，但是我依然无法真正改变，怎么办？

我知道应该看淡比赛，不要紧张，可是我控制不住自己，非要紧张，怎么办？

…………

我知道专家给我的所有建议都是有道理的，我知道他们告诉我的解决方法都是正确的，但我真正的困惑不是我不知道这些道理，而是在关键时刻我做不到，所以我到底该怎么办？

毕竟，我们都听过很多道理，却依然过不好这一生。

毕竟，这世界上最远的距离不是地球到月球的距离，而是从"知道"到"做到"的距离。

幸运的是，您读到了本书——一本能给您答案的神奇著作。

本书畅销近40年，已经帮助近百万读者彻底摆脱了发挥失常的困扰，使他们获得了脱胎换骨的改变、拥有持久稳定的良好发挥，因为它破解了运动冠军超常发挥的秘密。

无论您是某项运动的初学者，还是技术娴熟的业余爱好者，又或者是一名职业运动员，您都可以通过自我催眠唤醒内在潜能、提升运动能力，成为您自身能力所及的最佳运动员！

本书将教您学会有效的自我催眠技术，帮助您获得职业运动员发挥最佳状态时的信心与动力。

本书作者约翰·卡帕斯博士是一位实战型催眠治疗师，他曾帮助过数千名顶级运动员获得运动成绩的超常突破。实践证明，仅仅依靠意志力来提升运动能力是远远不够的，您必须学会激发那些决定您的动力和表现的内在资源。

在本书中，您将学到的正是这些内容，它们简单易学，且适用于任何一项运动。

不论您是一名不断挑战自身极限的职业运动员，还是一名期望提高成绩的运动爱好者，这本书都将为您开启全然未知的能量之源。

> 您将学会的内容包含：
> 如何在每次运动时都充分发挥自己的潜能；
> 如何克服学习某项运动时遇到的各种障碍；
> 如何在运动时集中注意力；
> 如何在与他人竞赛时更加自信；
> ……………

如果您看了本书的目录，您会发现，这不是一套将"心态决定一切"等道理挂在嘴边、夸夸其谈、纸上谈兵的心灵鸡汤，而是一套将"超常发挥"落地的具体方案，它将"心态""心理素质""放松""不紧张"等词汇具象化，变成可执行的步骤，甚至给您提供了能直接套用的参考脚本。

本书跟之前出版的约翰·卡帕斯博士的另一本专业教材《HMI专业催眠师教程》在写作风格上有很大的不同。

《HMI专业催眠师教程》的读者对象是催眠师和想成为催眠师的心理学从业者和爱好者，而本书是约翰·卡帕斯博士写给运动员和运动爱好者的。

约翰·卡帕斯博士运用了运动员所熟悉的语言模式和认知模型，用通俗易懂的文字深入浅出地解释了催眠的原理和功效，让大家相信催眠，并学会自我催眠。

而我们催眠师同行们都知道，这一点是最有难度的。很多人一旦学习了某项专业，就不会说"人话"了，在面对一个信息不对称的听众时，不能走出自己的视角偏差，不能用听众听得懂的语言讲出专业的内容。只有将专业知识用通俗的语言讲出来，让大家听懂，而不是只顾着输出专业术语，不顾大家云里雾里，才是真的通透了。

另外，说本书是一本神奇的书，是因为它表面上是教运动员和运动爱好者如何自我催眠的书，但专业催眠师都能清晰地看出来，本书的内容表达也遵循了催眠原理，全书的设计即是一场互动性极强的催眠疗愈的全景呈现。本书中很多桥段直接对读者下了指示，需要读者参与互动，所以，读者看书的同时就会有疗愈效果，很多之前的误解、偏见、自我限制和自我怀疑都会被本书一一化解。

还有很重要的一点，这本书的语言表达聚焦的领域是催眠在体育运动方面的应用，然而，体育竞技状态和考试状态、高效的学习状态及任何需要高度集中注意力的状态是一致的，所以书中的方法是可以举一反三、一通百通的。人生中有很多个关键时刻，那一时刻的表现被赋予了更深远的意义，于是我们不得不开始承受"意义"所带来的巨大压力。如何在关键时刻将自己的能力发挥得淋漓尽致，是每个人都应该重视的课题。您可以运用本书中教授的方法，让自己在中考、高考等学业考试，古筝、钢琴、书法、围棋等等级考试，唱歌、舞蹈等才艺比拼，甚至驾校考试等各种情况下超常发挥。

现在，是优化自己临场表现力的时候了。

无论您属于以下哪一种情况：

您是一名体育特长生，希望在中考或高考时拥有更好的状态、赢得更好的排名；

您是某大学运动社团成员，希望你们社团能在更多的比赛中赢得胜利；

您是保龄球、网球、高尔夫球等高端俱乐部中的一员，希望自己的技艺能够赢得更多人的关注；

您是国家体育队或省级体育队的职业运动员，希望为自己和团队摘取更多的冠军奖牌；

您为了保健养生而开始了某项运动，或者只是将跑步、武术、拳击、健美等项目当作业余爱好，以此为娱，放松身心；

…………

认真地读完本书，相信您将会挖到巨大的宝藏，掌握"催眠"这个创造超常发挥状态的秘密武器，像那些运动冠军那样，让超常发挥成为您的一种习惯，为您创造一次又一次的奇迹巅峰！

孔德方

前言

自我催眠是运动成功的密钥

"比赛还没有开始,她就已经赢了!"

体育解说员激动地这样说道,他虽然刚刚亲眼见证了史上最精彩的女子 1500 米比赛,但仍感到难以置信。

来自世界各地的优秀选手在这场比赛中激烈地角逐,然而有一位女士却一路领先,主导了整个比赛,尽管她在过去和同级别的运动员比拼时屡屡落败。

没有人作弊,没有人不全力以赴,但她们的成绩却迥然不同。她们的差别究竟在哪里呢?

差别只在于心态——赢家的心态。

当她站在起跑线上的那一刻,她的态度就表明了她似乎知道自己会赢。而这种必胜的气场压制住了其他的选手,让她们无法真正挑战她的领先地位。

"比赛还没有开始,她就已经赢了!"

你有多少次在体育比赛中听到过类似的评论?

有时候,某个拳击选手一站到擂台上,就好像已经告诉你,无论他的对手具备怎样的能力和声望,他都会在那天取得胜利。

有时候,在高尔夫球场上也能听到这样的话,即使这个人之前可能名不见经传，但他打出了他一生中最佳的 18 洞。

同样的，这种情况可能出现在保龄球、乒乓球、网球的赛场上，也可能出现在足球、篮球、棒球或其他任何一项运动中；这种情况可能出现在个别运动员身上，也可能出现在整个团队中。

只要这种情况发生了，那么，这些运动员（无论业余还是专业）身上都会散发出一种强大的气场，让你感觉到，他将发挥出迄今为止最佳的水平。

事实上，任何一项运动中的任何一位选手在任一特定的时间里都不可能发挥出他的全部潜力，因为每个人的能力和耐力都比平常表现出来的水平要高 7~9 倍。

例如，一个体重仅 40 千克的女性，为了救出被压在汽车轮下的儿子，竟然抬起重 900 千克的汽车，而她却毫发无损，她也为自己完成了这种"不可能"的壮举而感到惊奇。

这个例子说明人在某些时刻可以爆发出巨大的能量，而这可以通过人为训练被挖掘并运用到运动竞技场上。

这本书的目的在于，让每个人都能够发挥出最大的潜力，无论你是业余选手还是职业运动员；无论你是一位长者，期望你的高尔夫水平像你的年龄一样高，还是一位少年，期望在大学足球队中获胜；无论你是想打网球、保龄球、篮球，还是想去健身；无论你是身强体壮还是身有残疾……总之，无论男女老少，都将从本书中学会发掘自身潜力的有效方法，取得超出预期的成就。

什么是自我催眠

自我催眠就是一种将人们的注意力聚焦于特定的任务或想法的

方法，是实现个人成就的一种有力工具。它与你的身体功能、健康状况及体能训练一样重要，因为它可以直接影响你在运动中的表现，甚至决定你的输赢。

你观看过顶级拳击手的对决吧？

两人都处在巅峰状态；都在过去的几周里与优秀的拳击手对练；都会观看对手的比赛录像，研究其攻击风格；都在通过每天长跑来增强体能；都在通过力量训练让身材臻于完美；甚至他们都曾在赛前放出豪言壮语，要对对手的脑袋施以沉重的打击。

到了真正对决的这一天，对阵双方在年龄、体型、身体素质等方面都不相上下，就以往的战绩来说也是势均力敌，因此，任何一方都有可能赢得那天的比赛。

但是，唯一不同的是，其中一名拳击手通读了所有预测比赛结果的文章，看到了体育记者和赌客们推测的比赛胜算概率，他了解到了对手会赛完全程、赢得比赛的所有理由……赛前的宣传已经给他造成了严重的心理阴影。在这种情况下，无论这名拳手在意识层面如何说服自己要全力以赴，他都将会输掉这场比赛。因为他早已经"认定"自己要失败。

他获胜的唯一希望就是他的对手也像他一样遭到心理挫败，同样得出了"自己会落败"的结论。

因此，这场比赛的胜负实际并不取决于训练结果，而是取决于双方潜意识中的信念。

再以竞技游泳为例。

每位游泳选手都在赛前接受了数周的强化训练，每位选手都将自己调整到最佳的竞技状态。

但是，他们都会受到外界的干扰。大众最看好的某位选手可能来自某个俱乐部，因为这个俱乐部的运动员经常获得冠军，也可能是因为他曾经获得过多次胜利。无论怎样，所有的参赛者都有一种"现实"的感知，并相应调整自己的比赛表现。他们都认为自己将竭尽全力，但实际上他们却可能会有所保留，因为他们已经"知道"自己无法战胜最被大家看好的"民意冠军"了。

接下来，"奇迹"发生了。

参赛者中有一位选手，虽然之前他也预想自己无法取胜，但在他依然倾尽全力时，突然发现自己处于领先地位，那个"民意冠军"被他甩在身后。那一刻，他的预想突然被另一个"现实"替代——他是赢家。他意识到，如果自己保持这样的速度——这种让他如此轻松便取得领先地位的速度，他就可以赢得比赛。于是，任何因素都无法再干扰他，包括对手最后1分钟的爆发冲刺，他控制了比赛，成了泳池夺冠的黑马。

是的，你可以在任何一项运动项目中看到类似的例子。面对对手时的心理状态和赛前的准备对结果的影响是同等重要的。

一位一贯只能打中半数的保龄球选手突然受到幸运女神的青睐，打出人生中第一次全中的成绩；

一名因被俱乐部冠军嘲笑而烦恼不已的网球选手突然发现他打的每一个球的位置都恰到好处，落在线内且又让对手接不到球；

一位从未跑完过马拉松全程的长跑运动员，突然发现他的步伐更加轻松了，不仅能跑完全程，还领先了很多对手；

…………

无论是什么情况，这样的事例如同运动项目一样层出不穷。而这样大量的实例证明，成绩的差异取决于参与者对其潜意识的开发。正是那种突如其来的内在觉醒，使你觉察到自己可以获胜，进而带来了个人的成功。

而通往这个自我觉醒的密钥就是——自我催眠。

当然，我们说自我催眠是让你在运动场上超常发挥的密钥，并不是说自我催眠可以取代一切训练。你不可能坐在沙发上，喝着啤酒，不做练习，仅仅观看几部拳王阿里获胜的录像，就期望着靠自我催眠把你变成一个重量级拳王。相反，你必须学习比赛的规则、练习技能，将身体锻炼到最佳的竞技状态。

自我催眠无法替代你为比赛所做的所有训练，但是，一旦你拥有了参加比赛所必需的各项素质和技能，你就可以凭借自我催眠赢得先机。

每个冠军都在用自我催眠

事实上，无论是哪个竞技项目，每一个伟大的冠军选手都会用自我催眠来赢得比赛，只不过他们可能并没有意识到自己正在做自我催眠。

有的人把它称为赛前冥想，有的人说是对即将举行的比赛进行心理预演，有的人会使用"做好心理准备"来描述这个过程，还有的人会说他这只是在计划如何对对手"攻其不备"。所有这些，其实都指向同一个行动——利用自我催眠使自己达到能力的巅峰。

当然，对大多数运动员来说，这种心理过程并没有达到应有的效果，因为他们没有学会如何定期有效地使用自我催眠。比如前文提到的那个拳击手，他阅读了赛前的宣传资料，就可能形成了对自我的负面认识。

因此，虽然自我催眠是运动员取得成功的有力工具，但它经常被误解、误用。

你将从本书中学到什么

不论你是男是女、是老是幼，是职业运动员还是业余爱好者，是身强体健还是身有残疾，这本书都将教你正确有效地使用自我催眠，让你在喜爱的运动项目中发挥出最大的潜能。

我们将在随后的章节中，以每项运动一章的形式详尽讨论，教你运用自我催眠达到最佳运动表现，同时，还有一章是为喜欢运动的残障人士而设，确保每位读者都能使用自我催眠安全地提升自身成就。

你将学到的方法已经经过美国数千名运动员的实践检验。作为一名热爱运动的催眠治疗师，我运用这些方法帮助过的职业国际比赛中的运动员能组成一本《名人录》，同时我也帮助了很多运动爱好者，甚至，我自己也曾为了治愈严重的身体疾病而不得不学习如何强化自身能力。我非常坚信你即将从书中接收到的信息会对你有效，就像在其他很多人身上被证实的那样。

现在就开启你的探索密钥之旅吧，去学习如何将自我催眠的密钥运用到你的运动目标上去。我想提醒你的是，虽然大部分章节是针对各项不同运动的，但是，你还是应该将每一章都读一遍，而不是只局限在你最喜欢的运动项目上。你将发现，在别人身上如此成功的方法也可以对你有效。当然，不管你如何使用本书，你会发现，你取得的成功将远远超过你的预期。

目　录

1
为什么学会一项运动
对你来说困难重重

众所周知，要学会一项运动是很难的。

比如打高尔夫球，你很容易就可以拥有一个小小的球和所有类型的球杆，但你必须弄清楚，如何朝着你几乎看不见的果岭（高尔夫球运动中的术语，指球洞所在的草坪。选手在打高尔夫球时，第一个目标即是将球打上果岭，再进一步以推杆进球）击球，才能正好将球打进球洞，而那个球洞在你开球时根本就看不到。

再比如网球，这是一项多么具有"欺骗性"的运动呀！或许在你的设想中，只要你有了球拍和球网，你所要做的就是将球打到你的对手的空当区，就能得分了。但是，让我们看看现实情况如何：商店售卖的球拍各不相同，有木质的、金属的，不同的线型、不同的设计……职业网球运动员至少能赚几十万美元，如果任何人都能轻易掌握这项运动，那为什么职业运动员的报酬还这么丰厚呢？

再来看看保龄球的例子，你手里拿着保龄球，需要将所有的球瓶击倒。这看起来非常简单，那为什么要有线、槽，有球的称重器，有特制的鞋子，有护腕，有专业人士的辅导，还要给那些在电视节目中打保龄球的男女运动员那么多报酬呢？你猜对了，这其实是一项很难的运动。

即使是跑步也没有你想象的那么简单。因为对于大多数人来说，只要稍微跑动一段距离，就会觉得气喘吁吁难以坚持了，不是吗？

换个角度说，如果跑步如此简单的话，那为什么要有各种不同的鞋子、各种运动饮料、特制服装、精密计时器？为什么会有几百本不同的专业书籍，还有像"撞墙期"这样的术语？说到跑步，我不知道你是怎么想的，但一想到绕着街区跑马拉松这看似不可能完成的任务，我就感到筋疲力尽。

马拉松？迷你马拉松？慈善活动的"趣味跑步"？那些都是为专业人士准备的，不是为你我准备的，对吗？

运动之谜

运动蕴含着巨大的谜团，就像你刚刚读到的一样。

不管哪一种运动，无论你是身处团队之中，还是单独比赛，你都会被提醒自己是一个多么差劲的选手。

以电视上转播的体育节目为例，如果你知道在任何一项你喜欢的运动项目中取得最佳成绩是那么容易，你还会看电视吗？可能会，也可能不会。但你肯定不会再对运动员那样崇拜了：你不会跑到店里去买他们代言的服装和设备；你不会容忍某些球员在赛场上踩脚、咒骂裁判、对看台上的观众做不雅手势、往宾馆的浴缸里倒香槟等各种怪毛病；你不会再认为他们是身怀绝技、独享特权的"超级明星"，相反的，你可能会直接认为，他们虽然有着成人外表，但实际上却像是被宠坏了的孩子。

还有，对于那些设备制造商们而言，保持运动的神秘感才能保证他们有利可图。如果你相信最简单的运动装备就可以让你与专业人士竞技，那你就不会去买 75 美元（约合人民币 500 元）的鞋子、150 美元（约合人民币 1000 元）的球拍，并为购买印有运动员名字的"魔力"服装而付出比同款高 35% 的费用（冠名的费用），你也就不会经常换品牌、增添特殊的装备，不会相信最新的腕带、发带和其他的东西会给你带来幸运了。

最后，还有那些与运动项目无关的商家，比如办公用品公司、租车公司、餐馆和酒店，他们都热衷于聘请当今最热门的运动明星做代言，这里隐含的意思是这些运动员享有上帝赋予的能力，远非平常人所能及，如果你选择他们代言的复印机、电脑、电视、餐厅或是任何东西，你都将获得同样的神奇力量。当你洞察这一切之后，你还觉得广告商希望你感觉自己可以和最喜爱的职业运动员一样技能娴熟吗？

我不会买约翰·卡帕斯推荐的复印机，因为我知道我对复印机的了解，并不比波士顿男子马拉松冠军或以 6 比 0 打败对手的某项比赛冠军更多，他们才是真正的复印机方面的专家，对吗？

这听起来很好笑吗？

我看起来是不是对体坛缺乏应有的尊重呢？更重要的是，我揭开了美国营销广告界的神秘面纱，是不是让你心里有点不舒服？对了，我要做的就是这么一件事。

事实是，无论你喜爱什么运动项目或者正在学习什么运动项目，你都可能比你崇拜的偶像优秀得多。这并不是说你可以击败美国高尔夫球赛冠军，也不是说你可以在温布尔登网球锦标赛上获胜，也不是说你会打破各类跑步比赛的纪录，虽然这些也都是有可能的。

我要表达的真正意思是，你可以提升能力直至你目前潜力所及的极限，并进一步超越它。当你这样做的时候，在同样的训练时间内，你可能会比你的偶像取得更快的进步。

职业运动员之谜

大部分职业运动员的兴趣爱好都很少，能力范围都很狭窄。通常，从他们很小的时候开始，某项运动就成为他们生活中的驱动力。他们在上学之前、放学以后，甚至到晚上都在训练。他们除了在兴趣范围内和其他参赛者交往之外，他们几乎没有任何朋友。他们很少有时间阅读、看电影、社交，甚至在多数人看来他们都无法过上正常的生活。他们的生活中充斥着各种课程、训练，一直要惦记着比赛。对于网球、游泳、高尔夫、拳击、空手道、田径、棒球、足球和其他诸多的体育项目的专业人士来说，情况都是这样的。

来看看温迪的例子，她 21 岁时就获得了空手道黑带四段。

我从 13 岁起就开始上课。我身材矮小，身体发育良好。

她笑着解释道：

我妈妈认为空手道可以让我在青春期的时候和男生相处更容易些。她没有想到，这种想法对我来说是多么有趣。

我开始在放学以后去参加训练，不仅仅上我自己的训练班，而且会一直待到那个地方所有的训练班都结束了才回家。如果他们不让我练习，我就旁观。我在去上学之前也会练，在体育课上如果老师允许，我就去训练。我在 1 年之内就取得了黑带，之后就开始一边教学一边向更高的级别进军。

我发现，相比吃饭睡觉，我更喜欢练习空手道。我的体重开始下降，并且感到精疲力竭，但我不想放弃训练。最后，空手道学校的负责人让我多注意休息，让我理智一点，出于尊重，我照他的意思做了。我在 18 岁的时候就开了自己的学校，21 岁时取得了黑带四段。

直到现在我才开始约会，做些与空手道无关的事。我开始去看电影，强迫自己到社区大学上一些听起来有趣的课程……我感觉我在社会功能方面还处于青春期早期的阶段，我迫不及待地想要赶上。

吉姆——一个奥林匹克运动会的游泳选手——也发表了类似的言论。他在 7 岁时参加了一个游泳俱乐部，随着技能的提升，他满脑子想的都是技术和竞争。他每天都会在泳池里练习好几个小时，几乎没有时间学习，所以他的文化课很差。他在俱乐部之外几乎没有朋友，他很少看电视、看漫画书或做普通人在孩童时期都做的事情，所以很难融入同龄人。

我生活的全部都在泳池，这也给我带来了经济回报。我通过代言赚了很多钱，到 27 岁的时候，我就已经挺富裕的了。但现在我想找些在现实生活中可以做的事情，我不想再训练其他孩子，我不是为这个而生的。我并不知道除此之外我还可以做什么工作，但我会去找找看。

我也听到过乒乓球、网球、高尔夫球、专业保龄球、棒球、足球、拳击和其他各种运动选手的类似的故事。他们的专业度来自于几近强迫症的痴迷，他们娴熟的技艺来源于无休止的训练。

但是，这和我又有什么关系呢？我想要做的是提高我打篮球（或打网球、打高尔夫球、踢足球、打橄榄球或其他你可能喜欢的运动项目）的技能。你怎么把我这样一个业余选手与职业运动员扯到一起呢？

你可能会提出上面的疑问。

很简单，我这是想让你明白，绝大多数职业运动员之所以如此优秀，并不是因为他们比你更有天赋，而是因为他们花费了大量的时间和精力去训练。

事实上，他们在你这个阶段的时候可能还没有你熟练呢。你看着那些训练了几千小时的人，心里却想着，自己为什么没有他们那么出色，你试图用自己有限的训练与一个有多年训练经验的人进行比较，这不公平。你必须明白一个事实，有些职业运动员只有你现在的这些经验的时候，根本没有你优秀。

想一想你为什么买这本书。

你想要做得比现在更好，也许你是想在有限的时间内达到你的最佳状态，而并不是想成为一名职业运动员。你不会为了成为一个"超级明星"而放弃其他的兴趣爱好。你想要去上学，拥有一份工作，可以交朋友、看电视或者做任何其他与你的环境相关的活动。你想要过正常的生活，运动只是你生活的一部分，你不想像大多数的职业运动员那样把全部精力放在这项运动上，并以此为生。

换句话说，你已经比你所想的要好了。如果你周围的人看起来比你好，不是因为你不好，而是因为你没有投入太多的时间在这项运动上。毫无疑问，你现在在自己的能力范围内做得很好了，而我将向你展示怎样才能够比你设想的更快、更有效地提高你的运动成绩。你会学到职业运动员在职业道路上有所建树之后才能了解的一些秘诀。总之，你将比你的偶像领先一步掌握这项运动，这会让你感到满足。

人类极限之谜

人类的体形真是千差万别：一个人可能又高又瘦，腿很长；另一个人可能矮小、肌肉结实、骨架大；即使两个同样身高的人，他们手臂和腿的长度也可能不同。

有些体形特别的人参与某项特定运动时会占据先天优势。

两个跑步运动员可能迈步频率一致，但是步子更大的人会赢得比赛。胜者的步频并没有比输的人更快，只是他的步幅更大而已。在这样的情形下，输的人要么放弃（"我不能打败对手，所以我不可能是个出色的跑步选手"），要么练习比以前跑得更快，用更快的步频对抗对手更大的步幅，转败为胜。

一个高 2.13 米的人几乎不需要什么技术就能成为篮球明星。篮筐离地面的高度是 3.05 米，而这个运动员高 2.13 米，加上他的臂长 0.92 米，他可以跑到篮筐那里，抬手将球放进去。

如果你很喜欢篮球，但你的身高只有 1.75 米，那么，你就需要练习带球上篮、跳投、罚球及其他需要的技能，因为你永远不可能随意把球扔进篮筐里。当你参加高中或大学的篮球队训练时，你可能很难与那些个子特别高的运动员竞争，因为他们投篮是很容易的。这是否意味着他们比你优秀？不，事实是他们没有你那么好。

"但这怎么可能？高个子球员统治着篮板球，他们用身高吓退我。他们从不需要像我一样中场断球，这就是事实。"你争辩道。

来，假设你按照你的身高与篮筐高度的比例将篮筐提高到与高个儿们身高相对应的距离，让他们去投篮，由于他们不能像以前那样轻松把球放到筐里，他们不得不像你一直做的那样，练习带球上篮和其他的投篮技术。突然之间，这些"巨人"失去准头了。

他们只是用身高替代了技能。而你，初学时可能每天都花 1 小时训练，你会突然发现自己的技能比那些职业运动员的更高。

你接受的训练也可能让你更崇拜那些职业运动员。

打高尔夫球是最佳的例子之一。你被告知，要低下头，眼睛看着球，手腕要小心地放和收，你要准确地做跟进动作，一次又一次。你忙着关注手臂摇摆的幅度而忘记了放松，你没有考虑你所追求的最终结果，只考虑如何处理挥杆，这样你才能像个职业运动员一样。结果你变得紧张，击球的效果并不是太好，没有取得预期的佳绩。

现在，让我们看看那些职业运动员，他挥杆的姿势跟你看到的一样，但实际上你们之间有着巨大的差异：职业运动员并不执着于每一个细节，他们很放松，自然地挥杆，把球打到想要的地方，而不是不断地在脑海中蹦出完美挥杆所需要的一系列步骤。你被你的教练限制住了，他让你完全专注于细节，却忘记了放松。

身体运动的自然方式

现在你可能对我所说的"自然放松的运动方式能让你表现得更好"还有诸多疑问，毕竟每项运动都有一些手部姿势需要掌握，拿球拍的姿势、投掷球的动作，等等。因此，你理所当然地认为，只有做好这些细节，你才能变得熟练。

现在，请你做个试验：

> 站起来，对，暂停阅读，现在站起来。
> 然后在房间里来回走走，再坐下。
> 不骗你，就是现在。

在房间里来回走走，再回来看书。

完成了？

你是怎么控制平衡的？

你有没有注意到，你总是一只脚在地上，另一只脚在向前运动？你的脚趾、脚踝、膝盖，还有其他关节需要在特定的时候弯曲，否则你就可能摔倒。你总是需要稍微扭转你的身体，防止你的身体重心失衡而摔倒在地。你要注意家具并避开他们，同样还要调整好重心，防止摔倒。

"你应该如何走好路"这个问题的答案很简单。

但是，如果一个专业的"走路教练"教你从事这项运动，就会将你所需要知道的所有事都告诉你，就会教导你如何不断地觉察到身体每个关节的运动，对吗？

你站起来，确定你的双脚在地板上。你将自己向前、向上牵拉，并敏锐地感觉你胸腔和头部的细微变化，以保持自身平衡。你知道如果你用力过猛，你的膝盖会锁住，你可能会摔跤。如果你膝盖太放松，用力太小，站不直，你就可能坐倒在地。

你想过所有这些微妙的平衡，就像专业"走路教练"教你的那样，这就是你为什么可以在房间里走动的原因。

事实并不是这样的，对吗？

你在小时候完全没有教练的情况下就学会了走路，对吗？

你每天练习，直到站立和走路对你来说都是自动发生的，接着你就把这一切交给身体了，对吗？

走路如此复杂、如此困难，尤其是你只能靠两条腿来保持平衡（动物有四条腿来保持稳定），你没有想过这些，对吗？

事实上，如果你想了这些问题，你走路将会变得更慢、更艰难，可能还会摔几次，对吗？

这就是对你的经验的准确描述，对吗？

恭喜你，你是最成功的运动员。

你能够站立、走路，这比那些你刻意去掌握的很多运动项目需要更多的技巧和训练。你成功的关键是你运用了自己的潜意识。

运动技能是潜意识编好的程序

你的身体平常做的每件事情都是潜意识编好的程序，这是你头脑中可以自动运作的部分。

当你初次学习某项技能，比如走路，你每走一步都必须通过意识来做出决定。接着，当它习惯成自然以后，你就会不再浪费你的意识觉察去持续思考你的动作，而变得更有目的性。比方说，你走向杂货店时，意识上想着买些什么的时候，走路这件事就自动完成了。

比如打橄榄球这样的运动，你必须知道如何掷球、接球、带球过人等技术动作，这和你用刀叉吃东西相比要简单多了。

我们来回顾一下拿刀叉吃东西的过程：

你找出刀和叉，将它们拿起来，用它们将肉切成可以一口吞下的小块（你只能用你的眼睛和记忆来判断你一口可吞下的肉块是多大），之后你可能放下刀，将叉子换到另一只手上，判断叉子与你的嘴之间的距离，将食物放进去。你的牙齿闭合适度，恰好将肉从叉子上取下，然后你再将叉放回桌上，咀嚼食物，感觉到什么时候适合吞咽，再吞咽下去……

用刀和叉吃饭需要掌握这十几项技能，而真正学习打橄榄球，除了身体的训练和规则的学习之外，大概只需掌握 3 项真正的技能。吃东西远比掌握一门运动技能难多了，但我们已经将吃东西的技能贮存在潜意识中，所以才没有将它们视为有价值的能力。

我们通常将新学习的技能以一种积极的方式编入我们的潜意识。比如，我们走路、谈话、吃东西、开车、写信，或者快速高效地处理十分复杂的任务。我们在小的时候想学会做这些事情时，就自然而然地学会了，并将这些技能信息都储存到潜意识中。现在我们再在房间里走、坐下来吃饭，或者做其他的事情时，就不需要刻意去想我们当下在做的事情了。

就像我们将这些积极的行动编入潜意识一样，我们也会将一些消极的想法纳入潜意识。

记得在本章的开头，我告诉你的各种运动项目难以学会的原因吗？你可能在阅读的时候深感认同，对吗？但如果继续阅读，你可能会发现那些表述有些问题。原因可能在于，你并不是真的想要在你所选择的运动项目中成为最棒的自己。

但是，为什么你在学习技能的时候有这样消极的态度呢？为什么那些电视广告、夸张的广告词、那些运动设备的厂商对你的影响这么大呢？这是因为他们已经在你的潜意识里植入了失败的想法。你慢跑的时候会说："我会比上周跑得更快更远。"但你的潜意识其实在说："你不可能做到。你只是个在上学（或上班）的普通人，每周慢跑几天而已。你不可能变得更好，你不可能比上周跑得更快，只有职业运动员才会进步，你不行。"

接下来会发生什么？

你会在开始跑步的时候，努力运用积极思考："我将比上次做得更好，我将跑得更快更远，我不会那么快就喘不过气来。"然后你出发了，你知道你的积极想法将会助你坚持到底。

突然，你发现了那个地点——平常你跑到那里时会累得喘不过气来。你离那个地点越来越近了，但你已经做好了超越自己的决定。"我会做到的！我会成功的！"你一遍又一遍地告诉自己。

接着，你到了那个地点。你的潜意识知道到了这个地方你总是筋疲力尽。你快断气了，你很累，你试着继续下去，但是做不到。你吃力地拖着自己沉重的身体，喘着气说："也许明天可以吧。"你告诉自己："也许下周可以。"但你的潜意识在嘲笑你："也许永远不会，你这个傻瓜！"

潜意识对职业运动员的影响

职业运动员与所有人一样，都会遇到许多由潜意识引发的问题。他们为自己设定了成功的程序，也为自己设定了失败的程序，但是，他们从来没有察觉到这一点。

可能最明显的潜意识预设失败的例子可以从专业的拳击手身上看到。

赛事的知名度越高，赛前的宣传就越多，这种宣传通常是以两种形式展现的——积极的形式或消极的形式。

"世纪之战"可能是赛事的一种积极的宣传形式。每位运动员都被称为当下"最伟大"的运动员，"史上最出色的两位重量级选手巅峰对决，看谁才是最伟大的拳击手"，这是宣传文案中常见的措辞。身高、体重、臂长、战绩，还有其他的相关因素都会被比较。曾经的对手、打各项比赛的不同风格及其他的许多细节都会被反复比较，最后得出了同样的结论：两人在各个方面都是势均力敌的。这场比赛的最终结果会由训练量、专注度及运气来做最后的裁决。

如果比赛双方都阅读了这样的宣传材料呢？他们会认定，这是他们遇到过的最艰难的挑战，还会比过去更艰苦地训练：做更多的长跑运动训练，与最佳的陪练对抗，还会研究对手过去的比赛录像。当他们来到赛场时，他们都十分相信自己会赢得比赛。

这样的比赛通常会打满 15 轮，最终会以点数取胜而不是 KO（knockout，击倒，拳击用语）获胜。即使其中一人可能会被打倒，但是他不会失去信心。他知道这是他战术的失误，并记得对手过往赛事中的录像，知道自己该如何反击，他意识到他现在还可以赢。

虽然他的对手现在已经有一次击倒得分，并会尝试着用同样的方式来取得 KO 获胜。但是现在，他正在对让他重获优势的战术充满期待。击倒是一个好动作，它可以使被打击的拳击手变得理智，更有判断力，被击倒这件事仅此一次，不会再发生。

换句话来说，他们的潜意识都被赛前新闻主导着，他们的大脑中唯一想到的只有胜利。

"废物与冠军"则是与"世纪之战"相反的例子。

一个拳击手是上届冠军，被吹捧为"最出色的选手"，而挑战者则被视为一个笑话、废物。

或许是因为挑战者的参赛成绩不太好看，或者在臂长、体重及其他诸多因素上与卫冕者有很大差距；也可能是因为卫冕者曾获得过神话般的胜绩，在媒体眼中，他此时是不可战胜的。

无论如何，这场比赛就像一个笑话，有一个注定的结局。一个人很出色，而另一个人无力赢得这次比赛。

随着宣传攻势不断持续，形势会对有利的一方更有利，而对不利的一方更不利，这在挑战者潜意识中可能会产生灾难性的影响。

通常情况下，处在大家剧情设定中的这个挑战者将会深信他并不出色。他在早晨长跑训练时会感觉更加疲惫，感到自己在 5 千米以后比平时喘得更厉害。他会觉得这种更厉害的喘息正说明了他已过了自己的最佳时期，而不会觉察到长跑的感受每天都可能不同，这只是每个运动员都会有的起伏变化而已。

接着，在练习的过程中，他的陪练有几次突破了他的防线。他潜意识里的恐惧又来了——陪练都可以伤害到他，那卫冕者会怎么样呢？

挑战者的身体原本精瘦结实，然而在他出去吃饭时有些人就开他玩笑说，如果他吃太多蔬菜，就会在比赛前变得肥胖："你不会想比现在再胖一点点了。"这种说法对于身材如此完美的人来说是十分可笑的。但是这个挑战者的潜意识里预先埋下了"挑战不成功"的想法，所以，他这次接收到的消极信息就是："你让自己变胖了，你可能无法再承受对手对你胃部的击打了。你变胖了还怎么比赛呢？"

最终，比赛开始了。卫冕者看了宣传信息，知道自己可以轻松赢得比赛。挑战者则已经被自己的恐惧给打败了，他会喘不过气来，他的胃部不能承受重击，他不再是过去的那个他了。在比赛进行的过程中，他还会有各种思绪。接着，当他输的时候，新闻媒体欢呼雀跃，庆祝自己准确预言了比赛结果。

在某场比赛中，预想会输的挑战者打出一记重拳，幸运地把卫冕者击倒在地。在那一刻，卫冕者感到很生气，决定不再和这个挑战自己的"笨蛋"继续"玩耍"了，要把挑战者"撕碎"。同时，挑战者会认为这次击倒对方只是一次意外的幸运，他已经惹怒了对方，他如果能防守好，在失败前抵挡住大多数的攻击就已经很幸运了。

当然，在某些比赛中，也会发生相反的情形。

这幸运的一记重击立刻给两位参赛者的潜意识植入了新的信息。卫冕者突然感觉到自己不再是无坚不摧的，媒体所说的可能是错的，他的对手也很强大。他不能确定自己是否做了足够的训练来取得胜利。他变得很谨慎、保守，他更容易被打到。与此同时，挑战者也改变了态度，他这个"注定失败的人"可以打倒这个卫冕者，说明卫冕者可能不是很强，可能媒体所说的并不对。他突然意识到他可以赢得比赛，并下定决心放手一搏，因此他变得更加激进、更有自信。

现在这个卫冕者的心中已有了失败的预想，而那个被称为"废物"的选手变成了技能高超的掠食者。当然，媒体也会乐于报道"世纪大逆袭"这样的新闻。

这对你来说意味着什么？

你的潜意识在你没有犯任何错误的情况下可能已经将你要做的事情设定为失败了。

你已经了解到你所选择的运动是多么难以驾驭，你又选择和比你更强的对手比赛来加强这种信念，以确信自己将面对失败和沮丧，或者与比自己差劲的选手比赛，告诉自己"没有人"可以把这项运动掌握好。你没有将专业人员的技能和他们训练的时间放在合适的背景下去综合考虑，就像前面提到的那样。因此，你的潜意识总是在摧毁你获胜的决心，动摇你相信自己能够提升能力的信念，降低你在能力范围内达到最高水平的可能性。

幸运的是，你不必继续做你潜意识的受害者了，你可以重新为潜意识编程。

事实上，在我多年来治愈的数千名来访者中，有相当一部分人可能是你平时奉为偶像的职业运动员，他们也一直遭受着潜意识的负面影响。他们有高超的运动技能、良好的身体素质，但他们

"知道"自己会在特定的情形下落败（对手很年轻、速度很快，或者对手年龄大、更有经验；网球场是红土地面或草坪地面；在客场比赛而非主场，或客场更容易赢的比赛却在主场进行……）。他们想要我帮助他们重新设定潜意识，让他们做到最好，输赢不再被他们之前的潜意识程序所影响。

我帮他们做的这些也可以帮到你。你可以学会利用专业运动员的秘诀让你成为你能力范围内最佳的运动员。这种变化将慢慢发生，但会令你达到出乎预料的水平。

心智与身体

有一点我必须强调一下：如果你事先没有学习过某项运动，那就不可能在这方面获得成功。

我想起了电影《音乐奇才》中的哈罗德·希尔博士，他是一个没有接受过任何音乐训练的骗子，他兜售装备男孩乐队所需要的音乐器材，他教他们用"随心所欲"的方法去做音乐，男孩们只需要用他们的方式来想一首歌，然后音乐就会像预想的那样流淌出来。自然地，这些音乐都很糟糕，这种"随心所欲"的方法没有任何作用，只能证明男孩们及他们的父母太容易上当受骗了。

为了让我的方法切实为你所用，你首先必须学会某项运动的基本技能。这意味着你要学习规则和策略，还要找机会多加练习。

比如，我可以教你如何为你的潜意识重新编程，让你在网球场上取得胜利，但是有个前提，你必须先学会如何拿拍子、发球，在底线处如何移动来接球。我可以教你像专业运动员那样有信心打高尔夫球，不断提升技能且减少你的失误，但首先你要学会怎样握球杆，先打几轮练习。

幸运的是，这对你来说并不是什么问题，如果你已经掌握了某项运动的技能就更好了。你可能已经上过基础的课程，读过一两本书，或者由一个朋友指导学习了基础技能，但你被自己"没有做好"和"无法提升"的事实挫败了。如果是这样，你将会发现，为潜意识重新编程会带来立竿见影的效果。

如果你凑巧在开始一项新运动之前看到了本书，你可以在开始训练的同时就设定成功的心智模式。你将会接受"在初始阶段自己不可能完美"的事实。当你在锻炼身体、掌握各种运动技能时，你不会因有时比较缓慢的进度感到沮丧。你会不断地向前推进，进步的速度会超出你的预期，而且你很有可能比和你接受同等训练的人进步更快。

自我催眠的作用

下一章你将会学到自我催眠技术，这是你设定自身潜意识的一种自然方法，它不是魔术，也不会让你失去自控能力。

当你学习之后就会发现，自我催眠就是集中你的注意力，并消除意识层面的负面影响。每个人都可以使用，顶级运动员也都以某种方式使用自我催眠，他们可能称之为"做好心理准备"，或有其他不同的说法，但他们都是聚焦当前的问题，并设定成功的心智模式。

也许你已经在不知不觉中消极地使用了自我催眠。

有多少次，你在读了自己喜爱的运动领域中一位杰出运动员的事迹后，只是感叹："我永远都不可能像他一样，我不可能有那么出色，我只是个糟糕的运动员。"接着你可能会想到上次的保龄球比赛，你打出的几乎都是落沟球；或者有一次你打高尔夫球时，成绩是 346 分；或者在一次网球比赛中，你打的球还没过网，每一轮都输了……你已经认真地将你的潜意识设定在失败的轨道上，只是你没有意识到而已。

下一章我将会讲解自我催眠的基本原理和技术，而在随后章节中，我将向你展示如何在不同运动中应用这项技术。

即使你想提升的运动项目并没有包含在本书中，你仍然可以将书中这些方法和理念运用到你的实践中。众多催眠治疗师一次又一次的实践证明，书中的自我催眠技术对于每项运动来说都是可行的。运用这个技术，你可以让自己成为一个赢家，我想你会为此感到高兴。

现在翻过这页，开始学习这项能够提升你运动技能的技术。我会帮助你战胜所有阻碍你享受你所钟爱的运动项目的消极因素。

本章重点

1. 要学会一项运动是很难的，运动蕴含着巨大的谜团。

2. 大部分职业运动员的兴趣爱好都很少，能力范围都很狭窄。他们之所以如此优秀，并不是因为他们比你更有天赋，而是因为他们花费了大量的时间和精力去训练。

3. 你可以通过自我催眠来提升你的能力，达到你潜力的极限，并进一步超越它，从而比你的偶像在同样的训练时间内取得更快的进步。

4. 自然放松的运动方式能让你表现得更好，你成功的关键是运用了自己的潜意识。

5. 你的身体平常做的每件事情都是潜意识编好的程序。

6. 职业运动员在赛前植入潜意识的积极或消极的程序决定了他们的输赢，但是他们从来没有觉察到这一点。

7. 学会自我催眠后，你就不必继续做你潜意识的受害者了，你可以重新为自己的潜意识编程。

8. 自我催眠技术是你设定自身潜意识的一种自然方法，它不是魔术，也不会让你失去自控能力。

9. 自我催眠就是集中你的注意力，并消除意识层面的负面影响。

10. 众多催眠治疗师一次又一次的实践证明，书中的自我催眠技术对于每项运动来说都是可行的。运用这个技术，你可以让自己成为一个赢家。

2
自我催眠的设定

当你看到此处的时候，我相信你已经明白，对潜意识的设定既可以成为运动员取得胜利的关键，也可能成为运动员失败的最根本原因。不论是初学者、业余运动员，还是职业运动员，都是这样。

所有的职业运动员都会试图用"为比赛做好心理准备"来操控他们的潜意识。他们所用的方法各不相同，效果也有所不同。最成功的运动员——其中不少都来过我的办公室——往往会通过自我催眠的技术重新设定他们的潜意识。

自我催眠技术就是职业运动员成功的密钥，也是你在本章会学到的内容。这确实需要花一些时间来练习，而一旦你掌握了它，你可以在几秒钟内回想起它。更重要的是，后续的章节将教你如何在各项运动中应用自我催眠技术。

自我催眠其实是一种最自然的精神状态，它是将注意力聚焦于一个特定的目标，使自己不受周边事件影响的一种方法。自我催眠的同时，你仍然可以正常地工作，完全掌控所发生的一切。

人类运用自我催眠的时间可能和人类文明一样久远。早期人类对自我催眠的应用并不比今天少，虽然"自我催眠"这个术语直到近代才开始出现。

为了让你了解自我催眠是如何影响意识和潜意识的，我特意准备了两个例子。

比如，在你的学生时代，你在学校里非常担心一件事情——可能是与某个朋友之间的问题，也可能是你考砸了不知道该怎样回家面对父母，或是其他任意事情。

你离开教室，穿过校园，一路上你都在专心想着这件事。虽然路上有很多朋友和熟人，但你的注意力都集中在这件事上，完全没有注意到他们。你只是往家的方向走，心里只想着那个问题。

在路上，你遇到了一群打篮球的学生。他们四处奔跑，你经过的时候却很好地避开了他们，没被他们撞到，也没有被球砸到。你还穿过了棒球场，有人正在打棒球，你也顺利地避开了球场上站立或跑动的人，避开了空中乱飞的球，也避开了场地边上的其他人。但是，你的注意力一直聚焦于你心里所想的事情上。

接着，你走过街道，你在车流减少时安全地穿过马路，车多的时候则停下等待。有人没看周边情况就冒失地把车从停车位上开出来，你却在没有意识到的情况下成功地躲开了那辆车。你的意识聚焦在你最担心的事情上，而你的潜意识则帮你避开十几种甚至更多的潜在危险，确保你安全回家。

再比如，工作期间，你突然接到一个明天必须完成的重要任务。你知道如果你能圆满完成，你就会得到提拔，或至少让你在公司里的地位更加稳固。如果你犯了错，你就很可能在很长一段时间里升迁无望。

下了班，你钻进车里，开车回家，满脑子都是那个任务。你完全没有关注交通状况，没注意到高速路上高峰时段的拥堵，也没惦记下高速的出口，你只是在想你的任务。尽管这样，你总是在适当的时候加速或刹车；你没有撞到人，而是在有任何危险之前就减速了；你在正确的出口下高速，没有发生任何状况，最终安全到家。

事实上，这种意识高度专注于某个事物的状态，每天都会在我们的日常生活中出现，可能一次也就几分钟。我们一边用意识关注这些问题，一边用潜意识来自动处理其他事情。在这个过程中，我们就利用了与自我催眠相同的精神状态。

为了让你理解在运动中也会发生同样的现象，请你想象一个成功的橄榄球四分卫（四分卫是对美式橄榄球中一个战术位置上的球员的称呼，该球员是整个攻击体系的核心）。

他的意识层面有几个关注点。首先，他知道应该向谁传球。接球手是在比赛方案中指定的，如果接球手被封死，四分卫就要注意观察其他队员的位置。然后，当他发现第一个有空当且在他传球范围内的队友，他就会传球。如果没有合适的人选，他会带着球跑向球门。所有这些决定都是意识层面的。

那么，有哪些动作是在潜意识状态下做出来的呢？

四分卫总能觉察到两队的位置变化及他周边的布防。他可能选择向后跑，避开已突破防守来阻截他的对方球员；他也可能意识到他将被阻截，所以先将球短传给队员；他也可能知道，如果无法传球的话，他必须怎样跑动才能带球得分……在四分卫准备传球的几秒钟内，有几十个决定、数不清的身体动作、无数的变化发生，所有这些都是由他的潜意识做出恰当处理的。

如果潜意识被设定为失败，会发生什么呢？

在这种情况下，四分卫将只会注意到一个事实——对方整个球队将对他擒抱、扑压、伤害、阻截。在自然反应之下，他将不会冷静地分析场上的形势——传球还是跑向球门。错误的潜意识设定导致的自然反应是尽快向相反的方向跑，以避免那 11 个彪形大汉碾压他。

接下来我将教你的技术，对于第一次接触催眠的你来说可能有点生涩复杂，但是，这是一种对你未来极有帮助的学习自我催眠的方法。你不仅能够教会自己的潜意识更好地掌握运动方面的技术，还能够为自己的进步和成功进行编程。你会发现自己不断地变得更好，取得一个又一个超越你期望的成功。每准备一场艰苦的训练或比赛时，你都能有意地让自己处于自我催眠的状态。除了享受到掌握这项人类心灵的自然功能的实际好处之外，你还会发现这能让你获得极度放松的绝妙体验。记住，你需要定期练习自我催眠，可能每天只需要几分钟，它就会成为你的第二天性。

放松阶段

让自己处于一种半舒适的姿势，可以是在一个舒服的椅子上坐正，或者躺在床上，头下垫枕头。你应该选择一种不会让你睡着的姿势，因为当你感到很放松时就很容易进入睡眠状态。虽然睡觉并不是什么过错，但是如果你想学会自我催眠，就要在自我催眠的引导过程中保持清醒，你想要保留意识觉察，能够制定对自身的暗示。一个完全舒适的姿势，比如平躺在床上，很有可能让你睡着，所以如果你必须在床上，那么你的头至少要比脚高出 30 厘米。

不管采取哪种姿势，你都要脱下鞋子，让空气在脚的周围流通。这会让你更加敏感，因为你的脚没有被包裹束缚。

现在让你对自己的身体更加敏感。调整你的身体，直到你感到自己能自由活动，衣服不会太紧，没有任何让你不舒服的限制，你不受任何阻碍。

调整好姿势之后，去感受自己的手，这是皮肤电阻变化最大的地方。只要将注意力集中到自己的手上，你就会感觉到有一些生理变化正在发生。

当你舒服地坐着的时候，盯住自己的双手，尝试着去感觉一些麻刺感或麻木感，就像皮肤内部有什么东西在向外膨胀，试图从皮肤中出来。现在把你的手放回到椅子上，继续感受这种感觉。你的手是否感觉到冷或麻木、过度放松、沉重、轻松？挑选一个能准确描述你当下感受的词汇，并将这种感受与这个词联系起来。将注意力集中在你的手上 3 ~ 5 分钟，当你感受到这种感觉越来越强烈的时候，对自己重复说出这个词。比如，你可能说："*我感受到一种冷和麻刺的感觉……一种冷和麻刺的感觉。*"

现在，在"冷"和"麻刺感"两个词汇中选择一个，尽力识别两者中哪个感觉更强烈，你感觉更强烈的这个词将成为你的躯体型关键词。当然，这个词可以是任何跟你的感觉相联系的词汇，我们只是拿"冷"和"麻刺感"举例而已。

一旦你确立了躯体型的关键词，轻轻地将你的手放在大腿上，每一次你想到这个躯体型关键词，你就会想起那种感觉。

把注意力集中到你身体的其他部分，依次把注意力转移到你的手臂、肩膀、大腿等，一直到你的脚底。每当你关注到一个新的部位，就去想一想那个关键词，尝试唤起跟你手上那种感觉相同的感觉。比如，当你把注意力集中在你的脚踝和身体其他部位的时候，你可能会去想"冷"的感觉。

一旦体会到并控制了躯体型关键词所形容的感觉，联系法则就会发挥强大的作用，这意味着当你说出这个词的时候，你就会感受到你当初选择这个词时的感觉。这个事实将会帮助你完成自我催眠设定过程中情绪型关键词和知识型关键词的选择。

当生理变化发生时（例如，当你想着"冷"这个词并将注意力集中在身体的某个部位时，你那个部位会感觉到冷），你的心智会将它和你的躯体型关键词联系起来，心理效应就开始发生。"你正在控制身体某个方面"这个事实会让你的情绪变得活跃自由，让你的情绪自由表露，并引发你的第二个关键词，即情绪型关键词。

一旦你感受到第一个生理变化发生了，你会对自己说：

> 这种麻刺感引起的放松感经我的脚趾，到我的脚跟，到我的脚踝，进入我的小腿。我感受到我的腿向下沉，这种麻刺感向上蔓延，进入我的大腿和臀部。我觉察到手与大腿的接触，这种麻刺感很快向上进入我的手臂。当我感受到我的腹部肌肉放松的时候，我感觉到这种麻刺感慢慢向上转移，并且我觉察到了自己的呼吸。

由于呼吸比身体的其他功能对情绪的改变有更强的影响，所以它可以用来确立和触发你的情绪型关键词。专注于你的呼吸，直到你感觉它开始加深，然后试着觉察你的情绪感受，并将这种感受和一些能影响你当下情绪的积极词汇联系在一起。这会增加联系法则的强大效果。

记住，你不想有任何消极的感受或情绪。你应该只用积极的词汇，比如幸福、成功、自信、平静，或任何能够让你感到快乐、幸福的词。每当你说这个词的时候，停顿一下，尝试去觉察你能感受到的情绪。如果这个词是"快乐"，你将它与吸气、胸腔扩张及更多新鲜氧气进入血液的身体感受联系起来，那么，"快乐"就成为你的情绪型关键词。

最后，你需要知识型关键词，这是自我催眠训练中第三个也是最重要的关键词。然而，这个关键词对所有人来说都是一样的，即"深沉地催眠性睡着"或"深沉地睡着"。

"睡着"是人类的一项基本需求，是从我们出生之日起就有的条件设定。我们每晚都要臣服于这个条件设定，允许我们的头脑受到抑制甚至有些时候变得几乎空白，然后进入那个被称为"睡着"的正常逃跑机制中。

你的潜意识往往只能与一个习惯条件相关联，所以每一次你将自己置身于这个位置，你的潜意识就假设你将要"睡着"了，你的意识就会允许自己变成无意识，进入正常的睡眠状态。

在这段时间里，你的身体可以得到休息，更重要的是，通过做梦，你的大脑会把那些对你不再有任何价值的思想、创伤、想法、事件全都发泄出去。睡着变成了一种非常强大的知识型条件设定，因为你不能否认这样一个事实：你能够、将要且必须睡觉。你那需要逻辑和理由的知识型暗示感受性也必须对"深沉地睡着"这样的暗示做出反应。

你可以将这个条件利用到自我催眠中，但是需要改变几个因素，因为这几个因素通常会让你进入正常的睡眠状态，只有改变了它们，你才能保持在接受暗示的催眠状态。

第一，改变你身体的姿势，让它不同于你日常睡觉时的姿势。这就是我建议你不要平躺在床上的原因。

第二，你要说"深沉地催眠性睡着"或者"深沉地睡着"。因为"深沉"这个词不是你日常睡觉的时候常用的词汇，这会帮助你把催眠状态和睡眠状态区分开来。

在刚开始的时候，自我催眠技术可能只是将你带进一个非常浅的催眠状态。但是经过多次重复，这些暗示会变得更加自然，催眠状态也会加深，你会感觉到自己对躯体型关键词、情绪型关键词、知识型关键词有非常强烈的反应。

任何暗示只要重复置入我们的心智，都会很快变成一种习惯或触发机制。我们曾经做过一个关于形成自动触发机制的实验，来探究一个暗示需要重复多少次才能变成潜意识的一部分。通过实验，我们发现，在催眠状态下，只需要重复 21 次，任何合理置入的条件设定都会成为一个日益强大的触发机制。

在早期的练习过程中，你可能会发现自己正在经历睡眠的最初阶段，你可能开始感觉到做梦时的快速眼动，甚至你会感觉到眼睛在眼皮下向上翻动。你应该通过允许你的眼球向上翻动来强化这样的反应，同时重复关键词"深沉地催眠性睡着"。这会强化眼球向上翻和"深沉地催眠性睡着"之间的自然的联系法则。

世界上有许多关于催眠的谣传。其中之一就是，当你被催眠时——无论是自我催眠还是被他人催眠，你都会失去所有控制和意识觉察。但是，事实根本不是这样的。你会惊奇地发现，当你进入催眠状态时，你仍拥有完全的意识。所以，不必担心。处在自我催眠的自然状态中的人通常保持完全的意识觉察，这也是证明你处在催眠状态而非日常睡眠状态的一个依据。

在电视或小说中，被催眠的人看起来好似掉进了一个深邃的、黑暗的旋涡之中，或者听到了某些戏剧化的声音（可能是铃声，可能是雷声），然后世界就变得不一样了。但是，现实中，在真正的催眠状态中，所有这些都不可能发生。自我催眠状态只是一种你可以完全控制的自然状态，绝不会产生像电视或小说中那样的声音或景象。

在自我催眠时，你能听到周围所有的声音；你能拥有完全的意识觉察，但你可能会感觉有点像刚醒来和做白日梦的那种感觉。你会感到非常放松，可能有一种超然物外的感觉，你的心智自由飘逸，你的手指或脚趾可能还会有麻木或麻刺的感觉。

你也可能会忘记你想专注去做的事情，没关系，在这样一个放松的状态下，你的心智自由飘逸是非常自然的。重要的是你要学会自我催眠的技术，并勤加练习，直到这个过程变成条件反射。

自我催眠设定

假设你的关键词是"麻刺感""快乐""深沉地睡着"。

让自己处于半舒适的姿势，双手放在大腿上。当你将注意力集中在自己的双手上时，你的双手会有一种麻刺感，这种感觉沿着你的身体向下，进入你的双腿。这种麻刺感一旦到达你的双脚，就会翻转方向，从脚趾到脚跟、脚踝、小腿，到你的大腿（双手放置处），然后向上到达你的腹部。

当这种放松的感觉（麻刺感）向上到达你的腹部肌肉和腹腔神经丛，你会开始感觉到它持续向上通过你的手臂。就在此刻，你要将注意力集中到你的呼吸上，专注于呼吸。当这些开始发生时，对自己默默说出你的情绪型关键词——快乐，这将代表你的情绪状态的设定。

继续觉察你的呼吸，让这种放松的感觉经过你的肩膀、背部，到达颈部肌肉，再经过头皮到达前额。当这种感觉开始向下经过面部肌肉和下颌肌肉时，你开始感觉眼球有种在眼皮下向上翻转的倾向。

当你觉察到眼球向上翻转的这种感觉时，在脑海里不断重复关键词——深沉地睡着，这将强化自然的联系法则。

唤醒程序

在进行下一步之前，了解唤醒程序是非常重要的。它包含了将你带出催眠状态的一系列步骤，也是催眠暗示中非常重要的部分。

唤醒程序是指创造一个可以把你自己完全带出催眠状态的条件设定。如果没有这个程序的话，你将会在接下来的一段时间里停留在高暗示感受性状态，不仅会易于接受自己的想法，还会对周围的刺激保持高接受度状态。这就意味着，如果你有很多消极负面的想法，那么你的行为可能会受到巨大的影响。你学习自我催眠是为了获得在运动方面的积极成长，所以，你一定想要尽力避开所有增加负面想法的可能性。

唤醒程序就是要创造一个可以将你的心智与清醒状态联系到一起的条件设定，最好的方法是从 0 数到 5（0，1，2，3，4，5）并说："**完全清醒。**"

将自己带入催眠状态，再将自己从催眠状态中唤醒，反复几次之后，你就能区分出这两种状态带给你的不同感觉。当然，这在你刚开始学习时可能不会发生，但当多次重复之后你肯定会感受到。

当进入催眠状态时，一些人会报告说，他们感到一股令人刺痛的电流经过他们的前额；另一些人则说，他们有一种麻木的感觉或平静的感觉。无论你体验到了什么感觉，它们可能跟我前面描述的感觉有很大不同，但是你肯定会感受到一种确切的感觉。

被唤醒之后，你也会感受到一些变化，可能是一种细微的颤抖或一种苏醒的警觉。同样，每个人或多或少会有所不同，但每个人都会感受到某些特殊的感受。这些感受很重要，因为根据这些感受，你总是能觉察出自己是否处在自我催眠状态之中。

当你学习自我催眠以改善运动技能的时候，你需要每天都去练习，而这项练习必须刻意地与你的运动时间分开。你可能想要通过自我催眠给予自己与特定运动相匹配的暗示，为比赛做准备，无论是何种目的，你每天至少要抽出 15 分钟时间来练习自我催眠。

因为你在练习过程中有可能会被打扰，所以最好独自一人在家或找一处安静的地方练习自我催眠。但即使你在最佳的环境下也有可能被打扰，比如电话可能会响，或者可能有人会来敲门，如果你在室外的话，可能会有人从你身旁经过。这时，一定要数数将自己唤醒："0，1，2，3，4，5，完全清醒。"因为眼睛睁开、来回走动、能觉察到周围正在发生的事情并不代表你已经走出催眠状态了。事实上，在唤醒自己之前，你对自己的思想或周围环境中的信息仍然保持着高接受度状态。更糟糕的是，如果你从新闻、报纸、日常生活中接收到的负面消极的信息比正面积极的信息要多得多，这会加大你患焦虑或轻度抑郁的风险。

如果你注意到这些情况，记起你还没有将自己带出催眠状态，解决办法也很简单：走一遍完整的自我催眠程序，再将自己唤醒，记得以"完全清醒"作为结束词。

每个人所能达到的高暗示感受性的程度不同。有一些人反馈说，他们在练习一天后，自我催眠的技能就很娴熟，可以轻松地运用到运动项目中了，而有些人则需要一周甚至几个月，才能切实快速地进入催眠状态。然而，每个人都可以改变自己的潜意识。对于有些人来说，完全掌握这项技术可能需要几周时间。这期间的练习可能并不能帮助你提升运动技能，而一旦你能够掌握它，将它运用到你喜欢的运动中，你就会开始提升打保龄球的平均分、高尔夫成绩、网球和篮球技能，等等。你将能修正可能存在的问题，使训练和比赛成绩超越你的预期。

自我催眠引导完整脚本

现在你已经了解了自我催眠的程序，这一节我们会向你展示自我催眠的具体操作步骤。在下一章，你将会学习如何运用自我催眠提升运动能力。

首先让自己处于一个半舒适的姿势。脱掉鞋子，调整一下身体，直到感觉自己没有任何阻碍，非常自在。你的双手应该放在大腿上，闭上眼睛，心智在整个身体中漂移。

将注意力集中在双手上，说出你的躯体型关键词，允许自己感受到变化的发生。现在说：

> 我开始感受到这种身体放松的感觉，从我的手开始，到我的大腿，向下经过我的膝盖，再进入我的小腿，向下到我的脚踝、脚面、脚趾，直到整个脚都完全放松下来。

> 现在我把注意力集中在脚指头的放松上，这种放松的感觉向下移动到脚跟，向上到脚踝，穿过小腿，直到膝盖。我感受到这种放松的感觉经过大腿，穿过臀部，向上经过腰部。现在，我的整个下半身都完全放松下来了。

> 我集中注意力在腹部肌肉的放松上，我感觉到自己正在放空，正在允许腹部变得非常松软、无力，完全放空。我集中注意力，让这种放松的感觉上升到胸部，并开始关注自己的呼吸。

现在吸气，对自己说出你的情绪型关键词，并感觉到情绪变化正在发生。

> 我集中注意力于这种放松的感觉在我的手臂下面移动，到我的背部，包裹我整个背部。当我放松的时候，我感觉到我的背部向下压，并允许这种放松的感觉向上移动，进入我的肩膀。我的肩膀松软、无力，就像一个布娃娃一样，放松下来。

> 我集中注意力于这种放松的感觉，从我的肩膀到颈部，放松颈部所有的肌肉，每一根神经、每一条纤维和每一个组织，

都完全放松下来。

我集中注意力于这种放松的感觉到我的头部，放松整个头部。首先我放松面部的所有肌肉，放松我的下颌肌肉，允许嘴唇微微张开，我感觉到有点口干，甚至有种想要吞咽的感觉。（这在自我催眠中是很正常的。）

我集中注意力于这种放松的感觉向上到我的眼皮，我的眼球在眼皮下有种向上翻转的趋势。

在这时，对自己说出你的知识型关键词。

我集中注意力于这种放松的感觉向上移动到我的头皮，我的前额放松下来，让血液在那里非常自由地流通，离皮肤越来越近。随着我每次呼气，我都会进入更深的放松状态，更深，更深。随着我每次吸气，我都会迎来这种放松的感觉。随着我每次呼气，我都完全放松，进入更深、更深的催眠状态，享受当下，享受我进入更深的催眠状态中的每一秒。

我开始感觉到这种内在的平和、平静，我喜欢这种感觉。我将要允许这份内在的平静保留在我的日常生活中，成为我生活的一部分。

现在对你自己重复那 3 个关键词，并且说：

每当我对自己说这些词的时候，我会进入更深的催眠状态，每一次都会进入比上一次更深的催眠状态。

现在想象你自己站在一个楼梯顶端，向下俯瞰 20 级台阶。

我会从 20 倒数到 0，每数一个数字就代表向下走一级台阶，都将我带入更深的放松状态、更深的自我催眠状态。

现在我开始向下走，20，19，18，17，16，15，14，走得更深，越来越深……13，12，11，10，9，8，走得更深，越来越深……7，6，5，4，3，2，1，现在更深地睡着，走得更深，越来越深……

现在我正在学习控制这种自我催眠的状态，我开始感觉到我有一个超越大多数人的明确优势，我拥有通往自己的潜意识的途径，而潜意识是人类心智中最强大、最有威力的部分。我可以以我自己最想要的方式感受或存在。

现在我也可以暗示自己，我只接受对我的幸福和自我改善有利的积极的思想和建议，我有能力拒绝所有来自他人的消极的思想、想法、建议和推论。我正发展出对自己心智和身体更多的控制力。

在过去，每次遇到一个状况，我都会紧张、不安、心烦、恐惧，但是现在，我发现自己更加放松、更加平静、更加自信、更加相信自己。我所拥有的处理状况的能力比以前强大了很多很多。

过一会儿，我将要唤醒自己。我将从0数到5，当我数到5的时候，我将会睁开眼睛，完全清醒过来，身体上非常放松，情绪上非常平静、非常平和、非常快乐，精神上非常充沛、非常敏锐，思维非常清晰。接着，我会再次将自己带入催眠状态，强化我这个条件设定，进入更深的自我催眠状态。

0，1，2，现在，我慢慢地、轻轻地走出催眠状态；3，我感到更加清醒、更加放松，就像我已经睡了几个小时一样；4，"4"这个数字让我变得更加警觉，我感觉到我的呼吸在改变，眼睛也转动起来，几乎就要醒来了；5，我完全清醒过来了，完全清醒，完全清醒。

现在我让自己处于一个半舒适的姿势，双手放在大腿上，集中注意力于我的躯体型关键词，对自己说出来。我感觉到这种身体放松的感觉从手上进入大腿，向下到膝盖，再到小腿，我的小腿完全放松下来。

我感觉腿上的重量正在往下压，这种放松的感觉向下到我的脚踝，进入双脚，向下进入脚后跟，然后进入脚趾，整个脚都完全放松下来。

我集中注意力于这种放松的感觉，翻转方向，从脚趾穿过脚跟，向上穿过脚踝，再穿过小腿，放松腿部的每一块肌肉、每一根神经、每一条纤维、每一个组织。允许血液自由地流通，它非常贴近皮肤，毫无压迫和阻碍，因为所有的肌肉和神经都完全放松下来了。

这种放松的感觉穿过我的膝盖、大腿、臀部，一路向上，到达腰部和腹部。我集中注意力在腹部肌肉的放松上。随着每一次的呼气，我感觉到肌肉更加地放松、更深地放松。

我集中注意力于这种放松的感觉向上到达我的胸部肌肉，我开始关注自己的呼吸，开始觉察每一次吸气和每一次呼气，感觉到身体正随着呼吸起伏运动。

当我吸气的时候，我对自己说出我的情绪型关键词（说出那个词），将这个词深深地植入我的心智中。并且，我允许这种放松的感觉向上到达我的肩膀，我的肩膀感觉非常松软、非常无力，就像是一个布娃娃一样。

我感受到手臂的重量，并且能觉察到手臂连接在肩膀上。然后，肩膀放松下来，我允许手臂也更加放松，我感受到手臂向下沉的重量。

我感受到这种放松的感觉从肩膀向下移动，进入背部，现在我放松整个背部，完全放松下来。这种放松的感觉移动到我的颈部，我放松颈部的每一块肌肉，每一根神经、每一条纤维和每一个组织，完全地放松，我的颈部更深地放松。

我感受到这种放松的感觉向上移动，进入我的头部，从下颌开始，我允许下颌完全放松，直到嘴巴微微张开，我感到嘴唇有点微微发干，很快就有种想要吞咽的冲动。

接下来，我将注意力集中于面部，让所有的面部肌肉一起放松，这种放松的感觉向上移动到眼睛和眼皮。当我开始放松眼皮的时候，开始感觉眼球有一种向上翻转的趋势。当这一切发生时，我对自己说出最后一个关键词——深沉地睡着，进入得更深，更深地睡着。

这种放松的感觉向上移动到我的额头，我允许这种放松的感觉进入我的头皮，放松头上所有的皮肉，允许血液非常自由地流通，非常接近皮肤。

现在，我正在放松整个头部，随着这种放松的感觉进入我的全身，从脚趾一路向上到头部，再从头部一路向下到脚趾，这种平静和愉悦的感觉覆盖着我的全身。随着每次呼气，我都会持续进入更深更深的催眠状态，更深地放松。我开始感觉这种积极的放松感觉充满全身。随着每次吸气，我都会迎来这种放松的感觉。当我呼气的时候，我允许自己进入更深更深的催眠状态，走得更深更深。

过一会儿，我将带自己进入更深的催眠状态。我开始想象自己站在一个楼梯的顶端，向下俯瞰。每数一个数字就代表向下走一级台阶，我就进入更深更深的催眠状态、更深更深的放松状态。当数到0的时候，我就会进入比以往更深的催眠状态。

现在我开始向下走，20，19，18，17，16，15，14，13，12，11，10，走得更深更深；9，8，7，6，继续向下；5，4，3，一路向下；2，1，0，更深地睡着，现在，走得更深更深。

现在我允许心智在整个身体里漂移，感知这种放松的感觉越来越明显。我正在享受当下，当进入越来越深的催眠状态时，我知道我对自己的心智和身体拥有了更多的控制力。我找到了进入我的潜意识的路径，这是心智中最强有力的部分，所以，我可以选择我想要的感觉，我可以成为我想要成为的人。我知道，我的心智能很好地接受那些让我变成我想要成为的人的积极的想法、观念、方向，我知道，我的心智能很好地接受那些让我感觉生活更加美好的积极的想法、观念、方向。每一次我想用这套方法再次进入这个催眠状态时，我都会快速地、完全地、深沉地进入催眠状态。

每一次我都会进入比前一次更深的催眠状态，并感觉到这种条件设定每一天都会变得更加强大。

过一会儿，我将会暗示自己：我将只接受那些对我的幸福和自我改善有利的积极的思想和观念，我也有能力拒绝所有来自他人的消极的思想、观念和推论。每当我接近那种在过去会让我感到紧张、不安、心烦、恐惧的状况时，我都会发现，现在的我变得更加放松、更加平静、更加自信、更加相信自己。我开始更加喜欢自己。

现在，当我感知这种平和与平静的感觉时，我很喜欢它。我这么喜欢这种感觉，我想要一直保持这种感觉。没有任何人、任何事可以从我身上带走这种感觉，因为它属于我。这种对自己心智与身体的掌控也属于我。

现在我想象自己正看着一个钟表，钟表上的秒针在嘀嗒嘀嗒地走，从数字 12 开始，当它嘀嗒走动时，我意识到催眠状态中的每一秒对我而言，都代表着好多分钟的平静放松的感觉，在这种平静放松的感觉中，我的心智和身体都会恢复活力，焕发生机；我的心智、身体和人格之间保持着一种和谐，这种和谐的感觉会延伸到我每天的生活中去，使我能够更容易、更自然地表达自己，能够说出我想说的话，能够做我想做的事。

过一会儿，我将运用我的唤醒程序，从 0 数到 5。每数一个数字，我都会更加清醒，身体上更加放松，情绪上更加平静、平和、快乐，精神上会感觉非常敏锐、非常警觉，思维清晰。

现在，我开始唤醒我自己。0，1，2，慢慢地、轻轻地走出来；3，当我清醒的时候感觉到更加放松；4，"4"这个数字让我非常警觉，我开始感受到我的呼吸变化、眼动发生；现在，5，完全清醒，完全清醒，完全，完全，完全清醒过来。

本章重点

1. 对潜意识的设定，既可以成为运动员取得胜利的关键，也可能成为运动员失败的最根本原因。

2. 自我催眠其实是一种最自然的精神状态，它是将心智聚焦于一个特定的目标，使自己不受周边事件影响的一种方法。自我催眠的同时，你仍然可以正常地工作，完全掌控所发生的一切。

3. 开始自我催眠之前，先让自己处于一种半舒适的姿势，可以是在一个舒服的椅子上坐正，或是躺在床上，头下垫枕头，让头比脚高 30 厘米以上。因为一个完全舒适的姿势，比如平躺在床上，很有可能让你睡着。

4. 你要脱下鞋子，让空气在脚的周围流通。这会让你更加敏感，因为你的脚没有被包裹束缚。

5. 要试图找出专属于你的 3 个关键词：躯体型关键词（如"麻刺感"）、情绪型关键词（如"快乐"）、知识型关键词（"深沉地睡着"）。

6. 在刚开始的时候，自我催眠技术可能只是将你带进一个非常浅的催眠状态。但是经过多次重复，这些暗示会变得更加自然，催眠状态也会加深，你会感觉到自己对躯体型关键词、情绪型关键词、知识型关键词有非常强烈的反应。

7. 在催眠状态下，只需要重复 21 次，任何合理置入的条件设定都会成为一个日益强大的触发机制。

8. 处于自我催眠状态中的人通常保持完全的意识觉察，你会听到周围的一切声音，会感觉到非常放松，心智自由飘逸。

9. 唤醒程序就是要创造一个可以将你的心智与清醒状态联系到一起的条件设定，最好的方法是从 0 数到 5（0，1，2，3，4，5），并说："完全清醒。"

10. 理想状态下，每天至少要抽出 15 分钟时间来练习自我催眠。

3

快乐的压力

目前，你已经学会了一些影响你潜意识的思维和态度，但可能还没有意识到，体育比赛可以触发许多过去不愉快事件中的经验反应。在你将第二章的自我催眠技术具体应用到各种运动中之前，让我们先来探讨另一个重要的话题：快乐的压力。

战斗／逃跑反应

在漫长的历史进程中，为了更好地适应残酷的生存环境，人类的身体始终在不断地进化和发展着。

我们早期的祖先生活在一个与现在完全不同的世界：没有汽车，更没有飞机，甚至连马都还没有被驯化，所以他们不能骑马，只能依靠他们的双脚走路，还经常在有大型野生动物出没的灌木丛中穿梭走动。当时的人类基本上没有武器，就算有也很粗糙，只有一些树上折下来的粗大木棍或地上捡到的大石块。更糟糕的是，相比那些想要捕食他们作为晚餐的动物们，人类显然弱小得多，跑得也慢，体能也弱。

很显然，早期的人类并没有在这样的生存对决中完全灭亡，否则现在应该有另一个物种占据了我们的进化过程。相反，我们还获得了一种更为强大的武器——战斗／逃跑反应。

当战斗／逃跑反应启动时，肾上腺素分泌，你突然发现自己可以更好地应对危机，你的头脑突然变得更加清晰，身体更加有力量，动作也比平时更快。你做好了应对想要捕食你的动物的准备（战斗）；或与此相反，爬上一棵树，或用其他方式躲避它（逃跑）。

这些改变可能有效，也可能无效，取决于你的训练和经验。

例如，一只体型硕大的剑齿虎可能会攻击一个男人。

如果这个男人毫无经验和准备，面对剑齿虎的攻击，只能用拳脚做些无力的抵抗，直到最后被剑齿虎夺取性命。即使人类比以往任何时候都更加强壮，更加有战斗力，但仍然不足以打败如此凶猛的动物。

如果换作另一个有经验的男人，他找出了动物运动的规律，并发现了它最脆弱的地方，找到了猎杀剑齿虎的方法。这个男人被剑齿虎跟踪，随时可能被袭击。他手里只有一根尖头的长棍子，他的肾上腺素飙升，注意力集中在手头的任务上。突然剑齿虎高高跃起，这个男人迅速闪躲到一边，将尖尖的长棍子放在剑齿虎将要落下的地方，这样剑齿虎落地时全部的重量都压在了棍尖上。棍尖刺破了剑齿虎的喉咙，重伤了剑齿虎。接着，这个男人抓起一块石头，将它塞进剑齿虎的两颚之间。就这样，这个强壮的男人利用最简陋的武器重重地打击了这只剑齿虎，然后爬上树，看着重伤的剑齿虎在痛苦中死去。这个男人胜利逃脱。

面对同样的处境，战斗／逃跑反应给了两人同样的机会，但结果是一个人被剑齿虎杀死，而另一个人活了下来，为什么呢？

这是因为活下来的那个人事先有所准备。他已研究了潜在的危险，并为战斗做好了准备。面对危险时，他小心谨慎却又全力以赴。他的心智为胜利做好了编程，他的潜意识利用战斗／逃跑反应帮助他取得了最终的胜利。

但是，这些和体育运动有什么关联呢？

战斗／逃跑反应在体育运动中也会发生，就好像在事关生死的事件中一样。当你一个人站在保龄球道边时，拿着球准备投掷出手，想到你的朋友们都在看着，你会有战斗／逃跑反应。同样的，如果你是在网球场上等着接球，或在足球场上，身边都是球员，或其他类似的任何地方，战斗／逃跑反应都会发生。

当你将潜意识设定成有效的反应时，你就会比没有准备的时候拥有更多的胜算。这就是一些运动员会在某些紧张形势下崩溃，而另一些运动员却能够发挥出最佳实力的原因。

战斗／逃跑反应对不同的运动员会有不同的影响。

有一些高尔夫球手在每次开球前都会对此深有体会，他们会担心球打得不够远，方向上有偏差，甚至完全错失目标。他们的潜意识为失误、羞耻、失败做好了准备，内心有个声音大声叫嚣着他们的业余选手身份或初学者身份，提醒着他们过去所有的失败及身边人可能发出的嘲笑。于是，他们的肾上腺素开始上升，肌肉变得紧绷，呼吸变得急促，甚至可能出现瞬间的视力模糊……这样的结果最终会导致发球失误。

还有一些高尔夫球手，他们的发球不会有任何问题。他们已经学习了挑选球杆和挥杆的基础知识，人也非常放松，球顺着正确的方向在空中划过一段距离，这段距离会因不同球手的力量、不同的风速等因素而长短不一。这个过程中他们都没有出现战斗／逃跑反应，直到他们遇到那可怕的推杆。这些球手突然体验到一种剑齿虎围绕水泽徘徊时的感觉："我会击球太远""我会击球过重""球会弹出洞外""这需要打太多杆""我会把球打偏"，等等。

　　然而，这些选手在果岭上开球时可能是完全放松的，他们的开球也已经练习太多次了，他们的潜意识正在说："很好，至少有些事你可以做得很好，我只是很惊奇你可以把球打得这么远，你'开挂'了吧？"

　　这种情况也经常发生在职业高尔夫球手身上。

　　有些选手完成推杆轻而易举，但在比赛的其他环节则感到很困难；另一些选手每次开球都接近一杆进洞，然而经常错过对其他高尔夫球手来说很容易的推杆。

　　有时候战斗 / 逃跑反应是由于异常事件的焦虑造成的。

　　例如，某位棒球选手从小到大参加了少年棒球联合会、高中赛、大学赛、办公室棒球赛，比赛一周又一周地进行，他总是很放松，享受运动，感受友谊，提升技能，几乎没有一点儿压力和紧张感，因为对他而言比赛就是乐趣。

　　突然，一场比赛改变了这一切。可能是冠军赛的总决赛，或者是高中队与劲敌的重要对决，或者是办公室团队与另一个部门的一场不愉快的较量。不管是哪种情况，这位棒球选手总是有这样的想法："这个比赛真的很重要。""所有的比赛只是为这场对决做的训练而已。""你可以把这一季的比赛成绩都丢掉，只要这场胜了，一切都有了。"

　　你肯定在全明星赛、季后杯赛、超级杯赛等类似的赛事（含职业的或业余的）开始前听到过这样的宣传。事实是，比赛还是一样的，跟过去比赛的打法也是一样的，球队之间的差异也很小。但是，你的潜意识逐渐为你构筑起了沉重的压力，于是你开始相信这场比赛是不一样的，你所有的经验都不值一提，你不可能做好充分的准备……你的焦虑引发了之前从来没有出现过的战斗 / 逃跑反应。

不管是哪种运动，你都会发现，如果让战斗／逃跑反应把你带入失控的状态，对你是十分不利的，你设定的潜意识程序完全压制住了你曾经接受的训练和经验，你成了自己最大的敌人。

负面的自我催眠

在上一章，你已经学会了如何通过自我催眠改变你的潜意识。如果你回想一下你读过的内容，你会意识到，本章说到的许多问题，每个人无论从事什么运动遇到的困难，都是自我催眠的一种形式。你将心智聚焦在负面消极的事物上，屏蔽了其他的精神刺激，几乎只专注于失败。

这种催眠效应的结果就是你会给自己制造出最大的恐惧。比如，假设你站在保龄球馆内，想着那个落沟球，你的意识是不希望打出落沟球，你意识上希望将球瓶全都击倒，但是，你的潜意识在不断地叫嚣着"落沟球，落沟球"。问题是，你的身体只会对你的潜意识做出回应，你的手会不自觉地调偏角度来呈现出你潜意识所希望的结果。正如你对自己的程序设定一样，你"完美地实现"了落沟球的目标，走向了失败的道路。

同样的情形也会出现在其他任何一项运动中。不管你潜意识中创造了什么，都会在你的行动中反映出来，意识层面的期望完全影响不了它。焦虑演变成了催眠，强化了最强大的力量——你的潜意识。

焦虑的其他消极后果

有些运动员发现，焦虑会以直接伤害的方式影响他们。他们可能变得紧张，造成原本可以避免的扭伤或手臂、腿部骨折，在本应该放松的时候身体僵硬从而伤到骨头，甚至会生病。

跑步爱好者玛丽说：

> 我以前喜欢在体育课上长跑，老师整节课都会让我们跑步。我们离开学校操场，经过一些房子，穿过附近的公园。只要我们不停下脚步，我们可以跑到任何想去的地方。我过去总是鞭策自己，想要在有限的时间里跑得更远、更快。我总是很放松的。
>
> 每隔几周，我们就会有一场跑步比赛。班里的女生需要跑完指定的路线，看看谁是最快的。我曾多次跑过同样的距离，但我从没有做好与别人竞赛的准备。在开跑之前，我常常感到呼吸困难，胃有点不舒服。我一个人跑的时候挺好的，也不觉得我把比赛看得很重，但我就是会很难受。我不能使出全力，有几次我看上去肯定很糟糕，因为老师让我坐下休息。我知道这都是因为我太焦虑了，但我一直没能摆脱那种不适。

运动焦虑引发的另一个问题是让你无法客观看待自己的能力，你可能只看到自己没掌握的，而忘记了已经习得的技能。

比如，很多网球选手担心他们发球能力不强。他们的发球能顺利过网且落在界内，但总是被对手接起，但他们却无法接起对方的一些更强的发球。因而发球就成为他们焦虑的焦点，他们也因此无法再发挥出自己其他方面的优势。

琳妮说：

> 我在学习打网球的时候接受了科学系统的指导，我学习过如何后撤，让自己处在一个合适的接球位置，如何把球打到对手最难接到的位置，我也学会了如何把接到的球打回到让对手失衡的角度……但我的发球一直不太好。
>
> 一开始我还可以应付。我虽然不能靠发球得分，但是当我

把球再打回去的时候，我总是能调动对手满场跑着接球，而我自己则知道怎么站位可以掌控回球。

当我和一些强大的对手打球时，虽然他们控制了发球并以6:0领先，但当我发球和回球时，他们也得竭尽全力跟我打球，尽管他们的总体实力很强。

然而接下来，我开始担心我的发球，但却并没有发得更好，对于那些快球，我总是很难接到。我开始把时间都用在担心发球上，很快，我甚至无法将球打过网。打高球时还好，但因为我很担心发球，甚至无法集中注意力去接球了，而过去我在这方面做得还是不错的。很快，不管是谁发球，我都大比分落后了……就因为我担心比赛的一个部分，导致我的整场比赛都变得糟糕。

类似琳妮这样的情况并不少见。我知道有些保龄球选手因为太过关注手法，导致他们不再将注意力集中于球出手时应有的力度和控制力，而这恰恰曾经是他们的优势所在；我也曾见过一些篮球队员被一次失败的上篮给吓到，以至于篮下跑动和躲避对手的技能也开始变差。

总之，你的焦虑会制造催眠效果，导致你将注意力集中在负面消极的经验上，并忘记令你成为一名令人敬畏的选手的积极能力。

你可能会好奇我为什么将这一章命名为"快乐的压力"。

这是因为我接触到的所有业余或专业的运动员——和我一起努力提高他们运动技能的这些人——都十分热爱自己所从事的运动，他们之所以想要克服自身的问题，是因为运动是很有乐趣的。

但是，当他们参加比赛时，困难就出现了。

有些人完全视比赛为乐趣，他们不在乎输赢。如果他们比对手更强，他们还是会竭尽所能来保持自身的能力状态；如果他们的对手更强，那么他们喜欢将情绪从比赛当中抽离出来，从而观察自己是如何被打败的，并学习能帮助他们的新技术。他们不觉得自己必须赢，或者如果得了第二就降低了个人的价值，他们只是享受比赛，无论结果如何。

另一些人也能享受运动，但在比赛中则不然。他们在成长过程中接受了错误的观念：他们的个人价值完全取决于他们在运动场上的输赢。提起竞争，他们可能会想起父母对他们"必须成为第一"的训诫；他们可能记得在体育课上，老师蔑视除冠军以外的所有人。有时候这些影响是由那些对自己人生不满、被严重误导的成年人带来的；有时候，成年人选择了一些错误的词汇试图影响一个敏感的孩子，结果给孩子带来的却是恐惧而非积极的动力。不管是哪种情况，焦虑都主宰了比赛。

无论你"快乐的压力"是积极的（单纯的肾上腺素上升，帮助你发挥最佳的水平，即使这最佳的水平就是你获得了最后一名），还是消极的，你都可以学着去控制它。你可以掌控你的潜意识，进而可以放松，并提升自己的控制能力。

幸运的是，你不像有些运动员那样，他们的焦虑已经大到快要令他们放弃原来很热爱的运动了。无尽的挫折感、反复强化的失败及其他所有的问题都会使业余爱好者或职业运动员放弃运动。

或许你对此也有所担心，但我认为这对你来说不是问题。事实上，你读这本书就意味着你对于想要掌握的运动有一种积极的心态。同时我相信，无论你喜欢什么运动，你都能从本章的描述中发现自己可能存在的问题。你可以看到的是，你的潜意识决定了你现在的技能和潜在的无限技能之间的差距，而你可以通过练习和对潜意识进行重新编程来获得这些技能。

接下来让我们来看一看各种不同的运动，当你试图去掌握它们时所遇到的困难，以及如何使用你新学会的自我催眠来提升你的运动技能。

本章重点

1. 人类在进化过程中获得了一种强大的武器——战斗／逃跑反应。

2. 战斗／逃跑反应在体育运动中也会发生，对不同的运动员会有不同的影响。

3. 当你将潜意识设定成有效的反应时，你就会比没有准备的时候拥有更多的胜算。这就是一些运动员会在某些紧张形势下崩溃，而另一些运动员却能够发挥出最佳实力的原因。

4. 有时候战斗／逃跑反应是由于你对异常事件的焦虑造成的。它把你带入失控的状态，你设定的潜意识程序完全压制住了你曾经接受的训练和经验，你成了自己最大的敌人。

5. 每个人无论从事什么运动遇到的困难，都是自我催眠的一种形式。这种催眠效应的结果就是你会给自己制造出最大的恐惧。

6. 运动的焦虑会以直接伤害的方式影响某些运动员：他们可能变得紧张，造成原本可以避免的扭伤或手臂、腿部骨折，在本应该放松的时候身体僵硬从而伤到骨头，甚至会生病。

7. 运动的焦虑让你无法客观看待自己的能力，你可能只看到自己没掌握的，而忘了已经习得的技能。

8. 无论你"快乐的压力"是积极的还是消极的，你都可以学着去控制它，进而放松，并提升自己的运动能力。

9. 你读这本书就意味着你对于想要掌握的运动有一种积极的心态。你可以通过练习和对你的潜意识进行重新编程来获得这些运动技能。

4
网球

有时候，网球看起来不像是一场比赛，而是生活的映照。

美国的职业网球运动员可分为几种不同的类型。

第一种是宠坏了的小孩型。就像小孩子发现大发脾气以后通常能得到自己想要的一切一样，这类运动员咒骂底线裁判、向观众叫骂脏话、摔打球拍，他们挑战每一个判罚，好像他们的未来完全取决于其打出的球得分与否。

第二种是贵族豪门型。他们穿网球服的样子就像别人穿晚礼服一样，一手拿着纯银的球拍，另一只手端着马提尼（一种驰名西方的鸡尾酒），额头上戴着设计师原创的运动头带，每次跑动都完美优雅。其实，运动头带根本只是个装饰品而已，因为他们的额头上根本不会流下一滴汗。

第三种是刻苦勤奋型。他们将在网球场年入百万美元视为一份严肃的工作。他们开着破旧的保时捷，拿着名不见经传的球拍。他们早早地到练习场，准时上场，像机器一样，仿佛他们被设定了发球、回球、跑动、获胜的程序。他们通常都已经结婚，有家庭，在他们眼中，"网球大师"是一份工作，就像别人眼中的其他普通工作一样。

第四种是网球信徒型。他们把网球视为宗教体验，认为输赢能决定他们本质上是否善良。如果他们可以跑到网前，将球扣下得分，显然上帝就站在他们这一边。他们可能看起来有些神秘，讨论球拍的阴阳属性，在发球的时候念一声咒语，以莲花坐姿与粉丝交流。或者他们可能很暴力，他们的眼神在阳光下变得呆滞，将球击过网时，就好像网球就是罪恶的化身，而他们是救世主，在圣殿里与罪恶作斗争。

对于我们这些爱好网球的人来说，无论是新手还是高手，我们的行为没有职业运动员那么古怪，但打网球也经常反映出我们的情绪。

你听说过有些人在学习过程中或商业谈判过程中遭遇困难时会跑到球场上去猛力打网球吗？球场此时变成了一个处理极端愤怒和挫败情绪的地方。

还有一些选手永远在道歉，他们是一些自我价值感比较低且不断强化失败的人：

> "我总是将球打到网上，我是个如此愚蠢的选手，我不知道你为什么想和我一起打球。"
>
> "对不起，我没接到那个球，我总是无法及时到达底线。"
>
> "我为那个发球感到抱歉，轮到我把球打过去的时候，我总是很挫败。"
>
> "我笨……""我弄糟了……""我很抱歉……""我不知道……""我不能……"

消极！消极！全是消极！

"魔法"选手也很常见：

"我如果拿着和×××（自己最爱的运动员）在温布尔敦打败劲敌时一样的球拍我就能赢。"

"我穿着这件衣服的时候从来没赢过，这就是件失败之衣，但我那件给我带来好运的衣服正好该洗了，而我又没有时间洗。"

"是球的问题，你知道我拿这个品牌的球是不可能赢的，但店里没有更好的球了，我只能拿这些凑合了。"

"我真正需要的是另一个牌子的网球鞋。当我穿这双鞋子的时候似乎总是跑动不到位，但我现在只买得起这双鞋子，而且鞋子侧面确实有×××（明星运动员）的名字，所以我想我也可以碰碰运气。但它们就是不如上面有×××（另一个明星）名字的鞋子。如果穿上那些鞋子，我就可以打得很好。"

在他们心里，可以给他们带来胜利的是魔法而不是精湛的技能。

另外，还有一些犹豫不决的选手：

我要打他的反手球，那是他的弱点，我打了反手球就可以赢……或者我应该试试扑上网，我之前都没有扑上网过，这样可以迷惑我的对手。这就是我要做的，别管反手球了，我要扑上网……或许我应该改变球的落点，让球落在与对手跑动方向相反的底线处，让他跑得筋疲力尽，这是最好的策略……除非……我的对手得分？我的对手怎么可能得分？到底是怎么回事？我有这么好的策略，我会打他反手，或扑上网，或改变落点，或……我有策略，真的！

当然，还有一些其他的类型，但我想你已经领会我的意思了。如果你并不属于我描述的这些类型，那你也可能在打球时看到身边有这样的人。

每一类型的人都创造了一种肯定会带来糟糕表现和挫败的潜意识编程。

什么才是真正的网球

网球和其他的运动一样，是一种游戏，是一种获得乐趣、锻炼身体、令自己放松的方法。除非你是一名职业运动员，否则输赢对你来说并不重要。当然，我们每个人都希望在这样的游戏中战胜对手。

网球也是一个任何年龄段的人都可以从中得到乐趣的运动。七八十岁的人喜欢这项运动，十几岁的孩子也喜欢在网球场上度过自己的闲暇时间。冬天下雪的社区里有室内网球场，气候更暖和的地方有全年开放的室外网球场。很多球场对公众都是免费开放的，打网球的费用支出主要是买球拍和网球。

网球并不是什么神奇的东西，也不是一个释放你攻击性的方法，你的技能也不是你自我价值的标志。

网球是有趣的，如果要通过自我催眠来掌握这项技能，实际上是要重新修正你的潜意识，让你以更积极、更现实的视角来看待这个运动。每当你把注意力集中在胜利上、集中在你的愤怒上或集中在你比赛中的弱点和消极因素上，你就是在与自己作对，而这完全没有必要。

放松——取胜的第一步

放松对每一项运动来说都至关重要，对网球来说更是如此，因为打网球受伤的概率实际上比其他许多运动都要高。如果你挥拍时身体肌肉很紧绷，你可能会弄伤手臂或手肘；如果你在压力状态下在场上跑动，你可能会太过僵硬而伤到膝盖、扭伤脚踝、承受短期或长期的不适。

放松也是控球的关键。发球必须放松，球才可以达到最佳的力量及速度；发球的动作需要很平稳，才能确保球以尽可能快的速度过网，到达目标落点；回球的时候也是一样。一个过于紧张的选手往往一看到来球就急着往上扑，来不及选定一个好的站位，别着手肘挥动球拍，没有力量，也无法控球。虽然球还是有可能过网，但是这个球往往质量不佳，通常球的落点恰恰容易被很放松的对手所利用，给你一个致命的反击。

甚至，你打球的持续能力也取决于放松程度。紧张会导致呼吸困难，进入大脑的氧气变少，相比正常情况，疲劳会更早地到来。没有人可以在疲劳的状态下发挥出他的最佳状态，所以放松的能力也是保持耐力和最高警觉的关键因素。

如何放松

放松有很多种方法，最有效的就是你在第二章学到的与自我催眠相关的技能，即你把注意力集中于身体的每个部位，直到整个身体都放松。这是你在家里、更衣室里、运动场边的长凳上……几乎任何地方自己就可以做到的放松方式。在每项运动中都可以做自我催眠练习。

第二种放松方式是你可以在比赛中运用的，也是我马上要提到的。你是否注意过这样一个现象——职业网球选手在发球前会停顿一会儿？选手停顿下来，放松地握着球拍和球，眼睛闭上或不再聚焦于对手身上。看上去他似乎只是呼吸有了一小会儿的变化，接着开始发球。运动员总是通过调整自己的呼吸来获得更多的控制力。

这种简单的呼吸技巧包含深吸一口气，然后屏住呼吸，慢慢呼气。通常是用鼻子吸气，用嘴巴吐气。用鼻子吸气，用嘴巴吐气，当你只专注于自己的呼吸时，你整个身体都放松下来。鼻子吸气，嘴巴吐气，接着睁开眼睛，开始发球。

这样的呼吸技巧会让你在紧张的压力中平静下来，但它并不能替代自我催眠来重新设定你的潜意识，只是一种当你的身体变得僵硬时可采取的放松片刻的方式。

分析你的态度

通过调整呼吸让自己放松是可以在比赛过程中进行的一件很重要的事情，但是，提升你的网球比赛成绩的关键还是在于你的潜意识态度，这很容易通过分析你对比赛的看法来判断出来。

玛丽莲在和我讨论网球比赛的时候说道：

我不是一个运动员，我只是个笑话。我的母亲总是说我跑起来像一个笨蛋，就是沿着街道走走都会被自己绊倒。我在球场上跑来跑去的时候就像一只无头苍蝇，没有人能改变这种情形。我在5岁的时候是一个笨蛋，到15岁时还是一个笨蛋，现在我成年了依然如此。你改变不了我。

弗兰克是一位体重超标的企业高管，他正在试图减肥塑身，他说：

对我来说，现在想打好球已经太晚了。我从40岁才开始打网球，因为医生说我需要多锻炼。但每个人都知道这是孩子们玩的游戏。我太慢了，力量也不够。对于一个上了年纪的人来说，想打好网球是根本不可能的。

或许在运动方面你对自己也有诸如此类的负面评价；或许你不像玛丽莲这样拥有负面的自我形象，不像弗兰克这样认为年龄的增长会削弱学习能力；或许你对自己的信念会反映出不同的消极因素，但无论是哪种情况，你总是在为自己的不成功寻找各种原因和借口，而没有认识到每个人都可以变得更好。

　　事实上，我们每个人都有不同的能力、不同的优势和劣势。每一种劣势都可以在某种程度上被继续强化，但这些所谓的劣势也可以通过重新思考"我是谁，我要去哪里"修正过来。

　　比如，我们以年龄较大一点的弗兰克为例。他是一个脑力劳动者，习惯久坐不动的生活，因此他身材走形，体重超标。他作为一名企业高管，承受着巨大的压力，这些压力折磨着他的心智和身体。就这样，他到网球场打球时身体僵硬，肺活量有限，潜意识里害怕自己被场上的年轻球员瞧不起。

　　弗兰克需要对"我是谁，我要去哪里"这个问题有更加现实的认识。

　　首先，在学习打网球的过程中，他的年龄赋予他比其他年轻运动员更多的优势。年轻运动员可能更灵活，能够依靠他们的速度和力量来掌控球场。但年长的球员已经学会了如何在压力下更清晰、迅速地思考，并善于规划战略，他也可以掌控球场。年长的球员发球可能弱一点，但如果落点恰当的话，他就可以预测回球的位置，并提前想好应对之策。许多年长的球员能够让自己持续停留在场内一个相对较小的区域内，却让更强壮、更快速、更年轻的对手满场跑，消耗掉年轻选手的体能优势。

　　弗兰克的身体原本不是很灵活，但是他每天都坚持运动，他身体的灵活性变好了，身体变得舒展，也拥有了更好的控制力。他意识到了自己身上发生的变化，变得越来越好。

弗兰克的运动同时还带来了体重的下降，这是一个缓慢的变化，每一两周可能只有 500 克，因为他在饮食上没有做任何调整。由于心脏承受的血液负荷减少了，他感觉到自己的身体能够更自如地活动。每减 500 克脂肪都代表着身体维持血液流通所需的能量减少了。

因此，弗兰克从运动中受益匪浅，他一直在向好的方向发展。他只需要重塑自己的潜意识，不去想："我不可能像那些从小到大都在打球的孩子们那样出色。"而应该想的是："在场上的每一个小时，我都变得更强大、更健康，技能更高超。"他需要制订现实的自我奖励目标。

玛丽莲也有同样的经历。她正在发展手眼协调能力，她的动作越来越快，在场上的每个小时都在向一名更出色的运动员迈进。她如何看待一个不断打击、贬低她的破坏性母亲，以及母亲是否意识到这些，都不重要，重要的是，玛丽莲开始意识到自己的这些变化，并努力成长，而不是回到她对自己的消极态度中去。

积极思考的失败

在过去，许多运动员依赖于各种形式的积极思考。积极思考就是一种不断地强化自己最好的一面从而改变自己的方法。

比如，弗兰克可能每天早上跳下床，对着镜子里的自己说：

你已经 40 多岁了，但是你的身体和大脑都是最棒的。今天你将要征服网球场，你将成为一只老虎，一只以 6∶0、6∶0、6∶0 完胜所有对手的老虎，你将打出生命中最棒的一场比赛。

从理论上讲，不断强化这些积极的陈述的确会让你的能力变得更好，你将会成为自己想要成为的人，把自己变成一个赢家。

积极思考的问题在于它需要不断地重复，而大多数人却无法坚持做到这一点。

假设弗兰克周五晚上熬夜了。那天他在办公室里加班，然后和妻子一起去吃晚饭、跳舞，弗兰克喝得有点多了。最后，凌晨1点左右，他们回到家，上床睡觉。弗兰克把闹钟调到早上7点，因为他有一场早场的网球比赛。

早上，闹钟响了，弗兰克迷迷糊糊中把手伸向声音响起的方向，关掉闹铃，或者一不小心摔坏了闹钟。然后他从床上坐起来，发现自己有一点酒醉未醒，就又躺下来，从床上滚到地板上，他在地板上休息了一会儿，然后才站起来向卫生间走去。

最后他到达盥洗盆边上，挺直身体，盯着镜子里的自己。他需要刮胡子了，头发乱蓬蓬的，还有眼袋，他的嘴巴臭气熏天。此时，他像往常一样，用积极思考的方式喃喃自语：

你已经40多岁了，但是你的身体和大脑都是最棒的。

这时他的潜意识说：

你想骗谁呢？你宿醉初醒，你的膝盖都站不直，你看起来糟糕极了。你的脸色真是差到极点。你以前可以跳一晚上舞或疯玩一整天，但现在你看起来随时都可能会倒下。面对现实吧，弗兰克，你不像以前那么年轻了。看看你，我不确定你是否年轻过，你认为你会打好比赛吗？没有在第一次发球时昏倒就已经很幸运了。回到你老婆的床上去吧，或许休息几天，你至少会看起来有个人样儿。

积极思考被消极负面的潜意识给彻底摧毁了。弗兰克当然看起来很糟糕，但如果过分放纵自己，每个人都会是这样。就算他只有20岁，他也可能会有同样的身材，但是弗兰克并没想到这个事实。

当一个人感觉很糟糕的时候，积极思考根本无法发挥作用，而事实上，每个人在一年之中总有一些时候会感觉很糟糕。更要命的是，一旦你的积极思考被潜意识态度摧毁，就很难再恢复。

自我催眠的应用

重新设定潜意识的方法是自我催眠。

你要利用积极的意象，每个意象在你给自己暗示的时候都是真实的。你要在每一次练习过程中设定可实现的目标，你要追求循序渐进的变化，而不是立竿见影的成功。

对于弗兰克来说，最好的目标绝不可以是在前一晚上只睡了5小时，早起还有点醉的情况下，在周六早上把网球比赛打好，因为没有人可以在这种情况下发挥出最佳状态。

积极思考告诉他，如果他相信自己，他就能够打好比赛。这个神话已经被身体上的现实给打破了。而自我催眠会帮助弗兰克明白，他在那个周六能不能打好比赛并不重要，因为随着时间的推移，他会打得越来越好，拥有更好的技术、更大的成就。一次糟糕的比赛，甚至连续几场失利并不要紧，因为他的平均成绩正在向积极的方向进步。

设置你的催眠程序

你不要想着自己的能力会有突飞猛进的改变，因为你可能有许多方面都想关注，但它们需要逐一去处理。

自我催眠技术也需要重复练习，你练习的次数越多，效果就会越好。

在你刚开始练习自我催眠时，它的效果可能微乎其微，所带来的改变也很小，你可能会认为这些小变化就是日常比赛过程中的自然变化。

随后，当你每天用大约 15 分钟的时间来练习自我催眠，你会发现自己进步的速度越来越快。你会更容易进入催眠状态，进入的催眠深度更深，你给自己的暗示几乎立刻就能转化为可见的进步。

因此，你应该从自己最想改变的一个方面入手，在这个上面多花几天时间，这个改变发生了之后，再加入其他你想要改变的方面。

就网球而言，有几点值得关注。关注比赛动态的选手通常希望改进自己的发球、反手击球，以及回击球时的动作时机。这样的球员可能会希望为整场比赛设计一个策略，利用场地的表面特性、天气情况以及对手的技能，设计一个灵活的方案，以提升自己的比赛成绩。

如果你对手的反手球比较差，你就可以将球打到他不得不用反手击球的位置。如果风比较大，你就可以专注于控制自己手上的力量。一个更高级点的选手也可能会在打球的时候稍微加一点旋转，让球产生奇怪的反弹，额外的风加上这种旋转，让球更快地飞向对手意想不到的方向。或者，你可能通过大力击球让球总是落在球场的边线上，然后突然一个高吊球过网，迫使你的对手向前冲去。

改变态度最好与目标结合起来，你可以对自己说：

> 在接下来的一年里，我将要提升我的发球水平，这样我就可以有更多的力量和控制力。每当我第一次尝试就将球发过网的时候，我就会给自己 10 分的精神奖励。每当我提高了发球的

稳定性，让发球变得更有力的时候，我就会给自己 5 分的精神奖励。

你奖励自己的分数应该与你想提升的技能在比赛中的难度成正比。有些选手将所有的奖励都定为相同的分值，也有些选手可能会设定不同分值。

每当我把球打到离边线很近的地方，让对手难以接到球时，我就会奖励自己 15 分。到这一年结束的时候，我会把每次高水平发球的奖励分提高到 20 分。

这意味着什么？

意味着你的目标是对球的形态和落点有更好的控制。你的目标并不是要打败本年度的网球公开赛冠军，不是要让你的发球威力大到没有人能够接到的地步。你的目标就是平均水平比过去更好，这是每个人都能够达到的目标，不会让你感到挫败，并能让你在比赛当中变得更加强大。

另一个目标就是随着时间的推移，你能打一手更流畅、更稳定、更精确的反手击球，或是提升你的耐力，让你在每局比赛结束的时候和比赛开始之前一样精力充沛。你每天都在努力做到你能力范围内的最好，而不是感觉在竞争、在比赛、一心想要求胜。即使输了比赛也不要紧，因为你关注的是你的平均水平；即使赢了比赛也只是强化了你的行动。当你慢慢提升能力的时候，你的潜意识不会再把你打倒。

你也应该用自我催眠使自己的行动得到正向强化，你应该为自己所做的事情而奖励自己，这样你就会为每天取得的进步感到高兴。

比如弗兰克的潜意识重新编程包含着这样的积极暗示：

> 我比过去更加注意自己的身体，每打一场网球后都感到更开心、更健康、更有活力。我的思维更加敏捷，身体更加强壮，我喜欢这种自我关怀的感觉。

这样的暗示能够强化弗兰克的行动，而不是产生破坏，因为他并没有告诉自己要成为一个超人。他让自己的潜意识提醒自己，锻炼的时候比他不锻炼的时候感觉更好。比赛的输赢并不重要，他在场上的技能也不重要，唯一重要的是他正在打球。

弗兰克会把网球带来的健康和乐趣作为他首要考量的因素。他是为了健康才参加这项运动的，所以他应该奖励自己在多年久坐不动的生活之后选择参加运动所付出的努力。

接下来，弗兰克会努力提升运动方面他认为重要的因素。他可能从策略开始，因为他头脑的高警觉度和在高压力下清晰思考的能力赋予他比年轻对手更多的优势。然后，他会再提升其他方面，比如发球。

玛丽莲的问题则有些不同。她心中的自我形象很差，她在从小到大的成长过程中，一直被灌输了一种观念，即她在运动的时候看起来很不协调。这种观念总是在伤害打击她。

如果让玛丽莲运用积极思考，她就要重复对自己说一些激励语言，比如：

> 我是一个漂亮的女人，我充满活力和激情，我的一举一动都像专业时装模特一般优雅。

很不幸的是，她的潜意识总是会说：

> 你在跟谁开玩笑呢？你走起路来就像一只单腿的鸭子。你哪里漂亮？可能你的头发还算漂亮，但是你的鼻子看起来很糟

糕。还有你的眼角有细纹，它们现在看起来很可爱，但再过几年你可能会需要混凝土才能够把它们抹平了。

在自我催眠状态下，玛丽莲对自己的态度会因为与她产生联系的暗示而得到改善：

> 每次我打网球的时候，我都能更轻松地在球场上跑动，我的动作越来越流畅，越来越优雅，越来越协调。

为了消除她对自己外貌的负面想法，玛丽莲会使用积极的意象，比如：

> 当我打网球的时候，我的身体变得更匀称，这项运动调整了我的肤色，我的肤色在阳光下变得更加健康，我对自己的感觉比以往任何时候都好。

注意，这些暗示是不会被消极的思维模式摧毁的。玛丽莲可以很容易接受这种逐渐改变的观念，她只会抗拒那些感觉不真实的积极暗示。也许她仍然认为自己像一只单腿的鸭子，但这时的"鸭子"变得更加协调，她比过去变得更好了。这可能只是一个细微的变化，但却是一种她能接受的改进。她还没有准备好用别人那样的客观视角来看待自己，因为她仍然会对童年时受到嘲笑奚落所造成的伤害有所反应。但是她可以感觉自己变得更好些了，这种细微的变化可以不断加强。

最终，弗兰克不再关注他的年龄及其他人可以做到事情，而只是单纯地享受打网球这项运动，只关注自己更健康的身体；玛丽莲也会认为自己是一个健康幸福的女人，和其他女性一样有吸引力。

就目前而言，这些改变是通过针对他们的现有态度给予既积极又现实的暗示来达成的。这就是你要在球场上提升自身技能时应该运用的方法。

你在打网球时最担心什么呢？是比赛的输赢吗？那你就应该暗示自己：

> 我将享受网球比赛的过程，我会很放松，保持警觉，尽可能有效地打球，我会享受在球场上的时光。

你不会试图去控制对手或锁定胜局，因为你不可能总是赢。你可能会遇到一个更强大的对手或对你不利的天气条件，你可能会意外受伤或格外疲劳。获胜是一种运气，这种运气是充分准备与机会相加的结果。如果你只是强化"获胜"这个结果，你就是在跟快乐作对，你会经常感到失望。

你的首要工作是学会享受网球这项运动及比赛的乐趣，就像弗兰克那样，然后你会在各个方面有所提升。学会放松，享受乐趣，并且逐渐提升自己的技能，这些最终会转化成比赛中的胜利。但是赢得比赛不应该是你唯一的目标，因为这对你只有破坏性，没有任何助益。

你的目标是更好地发球、打好反手击球或其他技术方面的改进？那你就应该逐步改进，并且每次都奖励自己。

你准备打多长时间的网球呢？这只是一个季度性的运动？那你的强化应该是在这个赛季的 3~6 个月当中。你全年都在打球？那你的目标就应该是针对这一年或者是一年当中的一段时间。

在弗兰克的例子中，他参加的是一个有室内和室外球场的网球俱乐部。他花了 1 个月的时间强化了运动的积极方面，他开始期待在球场上的时光，享受他增加的耐力、改善的健康，以及慢慢变小的啤酒肚。接下来的 3 个月，他的主要暗示聚焦于提升他的发球技能。他仍然在强化网球比赛当中的乐趣，但主要的工作重心放在了技能的提升上。再后来的 2 个月，他用来改善和提升反手击球的能力。这一年当中其他的时间则专注于放松和正手回球时的手眼协调上面。

你解决问题的时间长短并不重要。有些人发现，他们在几天内就能得到自己想要的改变，而另一些人可能需要几周的时间，但是所有暗示最终都会带来他们想要的改进。

视觉化的运用

改变潜意识的正向强化方法需要配合视觉化练习。你可以通过观察那些做得好的选手，或者回忆自己在一切顺利的时候的感受，来学习你想要提升的技能。

假设你想要改善你的发球水平，但你从来都做不到有效地发球，你发球的时机和动作都是错误的，所以，你实际上一直在练习更糟糕的技术。

在这种情况下，你要研究学习榜样球员的发球技术，他可能是一位教练、其他球员或者你只能在电视上看到的职业球员，观察他们高质量的发球并记住他是怎么做的。然后，当你处于自我催眠状态时，你会记起这些高质量的发球，并把你自己放在画面中，这样你就能看到自己做出了和那位榜样球员一样的动作，你要一遍又一遍地视觉化这些动作。然后，当你来到场上时，你会发现自己的身体开始模仿那些你已经熟练的动作，你将拥有和榜样球员一样的发球能力。

如果你偶尔做到了一次完美的发球——虽然次数极少，还不足以让你感到比赛很轻松，但是，请回想一下你在发球正确时是怎样一种感觉，想想你当时是多么放松，你身体的姿势是怎样的，肌肉的感受是怎样的，还有你的手、手臂和挥球拍的动作。在自我催眠状态下一遍又一遍重复这种体验，并想象下次你打网球时将如何发球。不断地强化这种感觉，甚至在你动身去比赛之前，也在自我催眠状态下将这种发球方式进行心理预演。你所创造的这种潜意识的变化将会为你在以后的每一次比赛当中带来更好的能力，实现完美发球。

练习催眠

首先进入自我催眠状态（正如第二章所描述的），你将会很放松，你的心智完全聚焦于你想要改变的事情上。

现在，对自己说出那些实现你想要的改变所需要的积极暗示，通常的脚本是这样的：

> 每次我踏上网球场时，我都会感觉到越来越放松，我会保持警觉，享受我所面临的挑战。在过去，我可能会求胜心切，或者害怕某一个对手，但现在，我会完全享受比赛中的乐趣。我曾经以为自己必须赢，现在我只想让自己发挥出在自己的能力范围之内的最佳水平，享受整个比赛的过程。

为了提升你的发球、反手击球和比赛中其他的技术能力，你需要视觉化你想要掌握的技术。记住，这个技术可以是你过去曾经完成过的技术，也可以是你看到别人完成的，比如说是你在观看职业比赛时看到的。

如果是你曾经完成过的技术，精确地视觉化你当时所做的一切，记住你身体的姿势、肌肉的感受、球的方向和其他所有的要素，这通常是你能够提升自己发球技能的最简单的方法。

如果你是把别的球员作为你的榜样，那你就需要根据你对他打球画面的记忆，想象你正在像他那样发球、回球等，视觉化你自己拥有同样的技能。

在你进行视觉化的同时，你需要对自己说：

每一次我发球时，我的身体都会获得恰当的平衡，身体充分摆动，发球的质量会稳步提升，我会有更大的力量、更好的控制力、更加流畅的动作，就像我现在视觉化的一样。

在视觉化反手击球的时候，你可以这样对自己说：

　　我将要移动到我在接反手球的时候感觉很舒适的位置，我会很放松，我的球拍的位置很好，我挥拍很坚定，我将球拍控制得很好，我会将球击打到我瞄准的地方，就像我现在视觉化的一样。

　　你可以用同样的方式实现你每一次技术方面的转变。记住，你对自己说的所有的话都必须是积极的，这样才会强化你的视觉化。

　　行文至此，可能有一些人对这个视觉化过程会有些担心，因为他们没有办法去想象，他们无法视觉化他们完美挥拍的画面，或者他们无法想象出来自己正在做一些职业运动员所做的动作。

　　如果你也有这样的困难，那么你可以用以下这个替代方案：回想你所学到的一个完美发球、反手击球或者其他任何你所关心的技术，思考每一个步骤，告诉自己，每一次你打球的时候都会采用这样的步骤，你的动作非常标准。

　　这样做可以消除视觉化的压力，而在潜意识当中也会产生同样积极的效果。

练习，练习，再练习

　　潜意识是你成功的关键，但是它不能替代你在运动场上的实际训练。只要你的身体处于良好状态，它就会对你潜意识当中的条件设定做出反应。你不可能只阅读一本如何打网球的书，用自我催眠来训练自己的潜意识，然后第一次踏上球场，就期望自己成为冠军。

但是，如果你坚持练习，把身体训练和心理强化结合起来，你将会更快地提高你的比赛成绩，而且提高的幅度也会超出你的想象。

本章重点

1. 美国的职业网球运动员可分为四种类型：宠坏了的小孩型、贵族豪门型、刻苦勤奋型、网球信徒型。

2. 业余网球选手也可以分为四种类型：发泄愤怒型、永远道歉型、"魔法"选手型、犹豫不决型。

3. 每一类型的人都创造了一种肯定会带来糟糕表现和挫败的潜意识编程。

4. 网球是任何年龄段的人都可以参与的运动，是一种获得乐趣、锻炼身体、令自己放松的方法。

5. 放松是比赛取胜的第一步，是避免受伤、更好控球和保持耐力的关键。

6. 提升你的网球比赛成绩的关键在于你的潜意识。

7. 重新设定潜意识的方法是自我催眠，你要在每一次练习过程中设定可实现的目标，你要追求循序渐进的变化，而不是立竿见影的成功。

8. 设置催眠程序时，你应该从自己最想改变的一个方面入手，在这个上面多花几天时间，这个改变发生了之后，再加入其他你想要改变的方面。

9. 改变潜意识的正向强化方法需要配合视觉化练习。你可以通过观察那些做得好的选手，或者回忆自己在一切顺利的时候的感受，来学习你想要提升的技能。

5
保龄球

保龄球应该是所有运动中心理层面的困难最多的一项运动。保龄球的基本概念非常简单，将球沿着轨道抛出去，击倒所有球瓶。这是一项几乎不需要什么力量的运动，成人和儿童都可以参与其中。在其他的运动项目中能影响竞赛结果的体力、速度和其他因素在保龄球运动中权重很低。然而，这项运动的简易性被它独特的压力因素抵消了。

琳妮是一位平均成绩为 90 分的联赛保龄球选手，她说：

> 我知道我的朋友不在乎我的表现有多差，否则他们也不会让我继续打球，但是每次我开始抛球的时候，我总是想着不要让他们失望，我知道他们对我寄予了希望，我知道他们也期待着我突然"开挂"，能够表现得更好。当我走到起点时，我一直告诉自己，不要打出落沟球，我不会打出落沟球，但是，有一半的时间我都搞砸了，我打出了落沟球或者只是击倒几个球瓶。他们告诉我他们不介意，但是我介意，而且我认为，如果我能够转会到其他联盟或至少偶尔打出一个更好的分数，他们会更开心。

格雷格是一个保龄球初学者。他的妻子是一家大型制造工厂的人事总监，从初中起就开始打保龄球。他妻子知道格雷格不可能达到像她一样的专业水平，但是她觉得如果格雷格能够参加一些课程，然后他们共同参加一个联盟，那样会很有趣。格雷格为了支持他的妻子，参加了 3 个月的保龄球培训班。他说：

> 我打第一球的时候一切都很好，当我打第二球的时候，我会倍感压力。如果那是一个技术球，球总会恰好从两个球瓶之间穿过。如果我必须击中一个侧销来击倒所有球瓶，我总是会错过，最后只能击倒一个球瓶。我知道我的妻子可能并不在意，但是我想给她留下好印象，然后我就一直投我的第二球。

保龄球的概念很简单，但是实际的操作过程中会有潜在的问题。比如，当你把球扔出去的时候，你大拇指的指向将决定球的最终走向，当球在球道的前几英尺（1 英尺 =0.3048 米）滚动时，发生稍微偏离球线一点点的扭转——甚至你都注意不到这些细微误差——最终都会导致你的球无法全中，只能击倒侧边的几个球瓶，或者直接滚进边沟里。

你开始打球时的心态可能对你产生有利或者不利的影响。如果你总是想着落沟球，那你的潜意识将会改变你手指握球的方式，让球落到边沟里。如果你很担心二次补打时打出 7~10 分的技术球或者其他的组合，结果也会令你失望。你对于失误的担忧通常会导致你的失误。

想想我们在第四章中学到的，你的身体会按照潜意识的暗示做出反应。这一条对于每一项运动都适用，特别是保龄球，因为保龄球受身体差异的影响很小。

幸运的是，只要你将心智练习与身体训练结合起来，你想要做出改变就会容易得多。

认清你的问题

保龄球选手通常会面临 3 个方面的困难。

第一个是要适应独自站在球道前准备投球的压力。

这种压力可能与钢琴演奏家、喜剧演员或其他在舞台上独唱的表演者所体验到的压力相同。你孤零零地站着，所有人的目光都集中在你身上以及你将要采取的行动上。如果你是跟随团队出战的，你知道你的队友都希望你帮助球队得分；如果你只是与一个朋友一起打保龄球，那你可能会觉得，他会根据你打球的成绩来评判你。

理智上，你知道你的担忧是没有根据的，你只是和朋友们在一起，你打的球也不会彻底改变你所生活的世界。保龄球并不是一种生活的写照，球的输赢并不是撼动世界的重大事件。而赢得或者输掉一场比赛也不会对你有太大的影响，对你那些不在场上的其他朋友和队友也不会有什么影响。

当你只是在和朋友打一场非正式比赛的时候，情况也是一样的。通常情况下，你的朋友和球道周围的其他人都不会在意你的球打得如何。当然，如果你的球以很大的力量滚到其他人的球道里，那他们一定会注意到，但是这种情况并不常见。我猜想你也一样，你打球时同样不会去关注别人在其他球道前犯了什么错误。

我们来继续客观地论证一下，你什么时候在保龄球馆里看到成群结队的观众四处走动，一个球道接一个球道地去看别人打球的情况，这群捣乱的"啦啦队队员"焦急地等待着别人的第一个失误，接着齐声高喊："落沟球！落沟球！那个傻瓜打了一个落沟球！"或者喊："7~10 分瓶！7~10 分瓶！'黄油手'打不到 7~10 分瓶！"？

这样的事情永远不会发生。如果真有这样的人存在，那么，保龄球馆的老板一定会把他们立刻扔出去，因为球馆老板希望你在保龄球馆内的体验都是愉悦的。被人嘲笑的压力是不被容忍的，因此，你的焦虑并不符合现实。当你犯错的时候，没有人会喝倒彩，但是当你在脑海中想到这群虚构的"啦啦队队员"时，你就会倾向于畏缩。没有人会关注你的失误，没有人会在意，你只是自己焦虑的受害者。

事实上，你时而会有这样的焦虑，就意味着这是一个需要解决的问题。这并不是一个关于你的朋友或周遭环境的物理现实的问题，这是你的潜意识的问题，所以这是在制订自我催眠计划时必须考虑的问题。

第二个主要的困难是打球时技术层面的问题。过硬的技术保证你在打球的时候不犯任何错误，球正好落在了你想要的地方。如果你脑子里总想着落沟球，你就会下意识地扭转自己的手，最终你打出了一个落沟球。你需要将你的潜意识调整到一个更积极的方向，确保你握球的方式正是你想要的方式。

第三个困难在于肌肉疲劳，这会直接导致你的控球能力下降。这种疲劳可能在两三场比赛之后出现，也有可能更晚一些再出现。

有时候你感到疲劳仅仅是因为你对保龄球运动还缺乏经验，你还没有习惯这项运动，还不习惯保龄球的重量，还没有习惯你的手、手腕、手臂和肩膀应该做的动作。随着时间的推移，你的身体会变得适应，你的肌肉也会变得更加发达。

另外一种疲劳是源于心理上的，正如你在这本书的前几章里看到的那样，你把疲劳作为自己表现差的借口。你在打保龄球时产生的焦虑让你将疲劳作为一种逃跑机制。你给自己找了一个借口，一个阻止你做到最好的借口，或者是一个不再打保龄球的借口。肌肉不够强壮意味着你需要休息一会儿，你不得不停止打球。这些借口看似合理，但实际上都是由于你对保龄球的情绪而编造出来的。

运用自我催眠来修正问题

任何自我催眠程序的第一步都是学会放松，你需要消除你在打保龄球时的一切焦虑。

第二章给出了自我催眠时放松身体的暗示建议，在你开始修正关于运动的各类问题之前，应该先反复练习这套流程。

接下来考虑一下焦虑的问题。

成为一个专业的保龄球选手是需要时间和练习的，不可能仅仅通过自我催眠就能实现。虽然很多职业选手都将自我催眠作为他们训练项目当中的重要一项，但是你的能力也不可能瞬间提升，带领你的团队从最后一名冲到第一名，那太戏剧化了。

如果你是在赛季中段才开始练习自我催眠的话，你的平均成绩也不可能提升得很快。

每一场比赛的成绩加在一起再除以你总的比赛场次，就能得出你的平均分。如果你打了 10 场比赛，每场比赛得到 60 分，而第 11 场比赛你突然取得了 90 分，这就是一个很好的提升。你的保龄球成绩已经比过去提升了 50%，那你应该为自己感到骄傲。你前 10 场比赛的平均分是 60 分，现在，你在第 11 场比赛中的得分显著提高了 30 分，你的平均分也只有 62.7 分（11 场比赛总计 690 分，再除以 11 场，得到平均分）。

这意味着什么呢？你的自我催眠技术可以极大地提升你打保龄球的能力，但是对于整个季度的平均分，你必须抱有现实的态度。你提高的分数会与之前较低的分数相抵，所以你应该对自己的平均分有一个更实际的期待，把你的期望设定为"这个赛季当中能提高 10 分就很好了，最高不超过 20 分"。当然，你越早开始使用自我催眠，再加上你的个人练习，那你的平均分提升幅度就会越大。但是大多数人都是在打了一段时间的保龄球，对结果感到不满之后，才开始使用自我催眠。这就意味着，即使你在每一场比赛当中都有巨大的提升，你也必须接受一个现实——你本赛季的平均分只提升了 10~20 分。因此，这才是一个现实的目标。

为了实现这个目标，你需要在自我催眠的时候给自己两方面的积极暗示：一方面要强化你在打保龄球时候的正确姿势，另一方面的积极暗示与提升平均分有关。

很重要的一点是，不要试图去改变你每一场比赛的成绩。你不能暗示自己，你投出的每一个球都会是全中，或者每一场比赛都会是完美的。单一的某场比赛并不是很重要，因为根据你当时的身体疲劳度、每个人都会经历的巅峰或低谷状态、特定球道的特殊性，以及其他的因素，你的能力会有所起伏。你甚至偶尔还会遇到运气特别不好的时候，即使是顶级的职业球员也会如此。只要你着眼于整个赛季的平均分的变化，而不是期待在特定的一场比赛中有瞬间变化，你就不会气馁失望。

我在之前的章节当中提到过"积极思考"这种方法，以及我对于它的实际应用效果的担忧。

假设你正在运用积极思考的方式改变自己，不断对自己说：

今晚我会打出一局 300 分满分的比赛，我感觉很好，我感觉很有力量，每一次打球我都能得到全中。我就是赢家，今晚我会打出一次又一次的全中。

这样的表述都是很典型的积极思考的概念，你将自己视作一个赢家，要求自己做到完美，你的想法是积极的，你下定决心要成功，没有什么可以阻止你。

不幸的是，你也给自己设定了一个不允许失败的、苛刻的刚性目标，但事实是，如果你从来都没有达到过100分以上的成绩，想要得到300分满分几乎是不可能的。

接着你走向了球道，所有人都看着你，你极度自信，因为你一直在运用积极思考。你走到了球道前，抛出球，看着它几乎毫无缺陷地滚过球道。"几乎"是一个很关键的词。最终球只是偏了一点点，有余瓶没有被击倒。

你的潜意识突然大喊：

> 我不行！我运用了积极思考，原本打算要打出一个300分的满分，看看我，我第一次出手就留下了1个余瓶，这就是我的比赛，我是一个糟糕透顶的保龄球手，我最好向自己说实话，坦诚面对这样的事实。

但是事实可能完全不同，这可能是你第1球完成得最好的一次。在过去的比赛中，你可能打第1球时只击倒两三个球瓶，但是今晚，你只留下了1个余瓶。不幸的是，你非但没有为自己这非同寻常的成就感到骄傲，反而感到无助，因为积极思考的目标是全中，而你还留下了1个余瓶。

自我催眠的使用并不依赖于任何偶发的神奇事件。你不应该暗示自己"从一开始就会打出完美的比赛"。相反，你应该为自己设定目标——在一段时间内取得更好的平均分。你可能会经历一场糟糕的比赛，甚至在整个晚上都很糟糕，也可能你的成绩在某些比赛中略有下滑，但是这些永远都不应该成为你的困扰。随着时间的推移，自我催眠会让你成为一个更优秀的保龄球选手，在你使用自我催眠的每个赛季里，你都会提升自己的平均分。记住，即使是最赚钱的职业运动员，也会有不如意的时候，但是他们知道，随着时间的推移，他们会非常成功。

针对焦虑的暗示

回顾第二章讲过的自我催眠技术，然后开始练习，从克服打保龄球时的紧张情绪开始给出暗示，要确保每一个暗示都是积极的，并且与你面临的问题相联系。

如果你在打保龄球的时候因他人旁观而紧张，你可能需要给出以下暗示：

> 每次我开始打保龄球的时候，我都会感到放松和开心。我会记住我是和朋友们在一起，我很享受和他们一起度过的这个夜晚。我期待着我上场打球的那一刻，因为这让我感觉自己是团队中的一员。
>
> 打保龄球给我带来内心的平静，在球馆里和朋友们待在一块儿是一种愉悦的体验。轮到我的时候我很开心，我很喜欢打球，看看自己每一次球打得有多好。我知道我的朋友们都很支持我，并且也为我每次都能够竭尽全力而感到骄傲，不管最终成绩是怎么样的。

这些暗示都是积极的，它们都会消除你在比赛时常有的表现焦虑。

有一些保龄球选手在运用我提供的积极暗示时难以放松，就跑来向我求助，他们可能需要增加一些暗示，将自己的注意力更多地聚焦于球和球道上。请记住，这本书里提供的暗示并不是什么魔法公式，只是向你展示正确使用自我催眠的一些方式，你可以把我展示的这些暗示作为一种示范，同时根据自己的实际情况修改其中的内容，设置针对你自己的独特的暗示。比如，你可能会希望增加以下暗示：

> 当我拿起球的时候，我不会再强烈地关注我的朋友们和在球馆当中的其他人，我会一直将注意力聚焦于如何走到球道前，再将球抛出去，我会无视在我身边的人，其他选手和观众的声音会像舒缓的背景音乐一样，那些声音都会从我耳边飘过，我不会关注他们的任何话语或行为。那些声音都是很平缓、很放松的，可以帮助我发挥出最好水平。我不会在意身边的言语或者行为，我只聚焦于我自己的球道，以及怎样把球抛出去。

这是第二种暗示，要记住，这只是一种示范，你可以根据自己的需要修改，可以通过改变你对周遭环境的感受来降低焦虑。有一些保龄球选手总是在留意身边的人的对话、其他球道中球滚落的声音、观众的叫好声，以及环境当中的其他刺激源。他们总是无法将注意力聚焦于自己手上的事情——把球沿着球道尽可能高效地抛出去。

你会注意到，这些暗示都与提升你打保龄球的专业技能没有关系，它们只是让你放松下来，不再被身边的人和声音影响。实现了这个目标之后，你就可以增加与你的技能提升相关的暗示了。

调整不正确的运动技术

有两种方式可以帮你调整不正确的运动技术。

一种方式是视觉化，运用你的想象力，在你脑海中真实看到正确的技术与不正确技术的差异。很多人都能够视觉化，这是他们在自我催眠中应该应用的方式。

还有一些人无法视觉化，他们需要通过在自我催眠当中回顾正确的技术动作来达到调整的目的。他们需要了解正确技术的每一个步骤，拿球的位置、抛球的细节等，在脑海当中回想这一切，并设想将这些复制到球道上。

首先，要从考虑你在打保龄球的时候需要做出哪些技术调整开始。

是你的助跑？你抓球的方式？你抛球的方式？……总会有一个或几个你想要调整的点。

接下来考虑如何实现这些调整。

你是否打过一次完美的全中？那一次你是否可以感觉到每一块肌肉、手的位置、身体平衡，以及其他所有因素都恰到好处？

尝试去回忆当时你做了些什么，以及你所有的身体感觉。现在，想象你自己正在做同样的动作，想象你在保龄球馆里，和通常在一起玩儿的那些朋友们待在一起；想象你拿起那个球，开始助跑，找准那个全中的口袋形目标和你的位置，就像你全中那次一样把球抛出去。试着去感受你所有的身体姿势，你也许需要像在观察其他球员打球那样，想象自己打出全中的画面，在脑海中观察，这个球沿着你假想的球道滚下去，完美地击倒了所有的球瓶。

当然，你可能不记得这样的时刻，或者你从来没有打过全中，又或者你曾经打过全中但你不知道是怎么做到的。在这样的情况下，你就视觉化那些做到这些标准动作的保龄球选手——他可能是你的教练，可能是比你技术更加高超的同伴，也可能是你在电视上看到的专业选手。不管是谁，你需要想象他做完了所有正确步骤的画面。

接下来，改变那个画面，你替换了他的角色，想象你自己正在做这些正确动作，现在你就是你所羡慕、崇拜的那个选手，你看到你自己在那里做所有正确的动作，想象着你在下一次比赛中的样子。

你可以通过积极的暗示来强化这种视觉化的画面。

告诉自己你将如何抓球、怎样站位；在球离开手的一瞬间，你的身体会有什么感受；告诉自己，有了这种改进的技术，你的平均分在这个赛季之中至少会提高 10 分；告诉自己做对每一个动作是怎样一种美好的感受，你会拥有前所未有的控制感、力度及精准度。

如果你是那些无法视觉化的人之一，那么这个方法对你依然适用。这时你就不需要运用视觉化，而是回顾打出完美全中的步骤。告诉自己，你将复制这些步骤，从拿球的方法，到你抛球时大拇指的位置，并通过积极的暗示强化这些表述。比如：

> 当我走近起点的位置，将要把球抛出去的时候，我感觉很舒服。当我使用这些正确的技术时，我感到自信、强大、放松。我投球的精准度越来越高，在接下来的几周当中，我会提升我的技能，逐渐提升我的平均分。

每句表述都应该是积极的，都应该避免"魔法"般的想法，比如，"我会在一场比赛中至少打出 5 个全中"或者"我今晚会得到 175 分或者更高"。自我催眠不是万能的魔杖，它只是一种被证实的能够改变潜意识的方法，改变那些当你参加运动项目时控制着你身体运动的潜意识。

建立奖励机制

你可以通过奖励自己所取得的成就来强化你的潜意识重新编程的过程。

一个简单的方法是，给自己的每一次进步提升设定一个奖励分值。比如，在比赛当中每提升 5 分（即比你平时的平均分数高 5

分）就给自己奖励 1 分。举例来说，如果你之前的平均分是 80 分，现在得到了 85 分，就得到 1 分的奖励分值；如果现在得分是 90 分，就得到 2 分的奖励分值，以此类推。不需要你得到一系列的全中或补中，而是对你比赛的平均分提升进行奖励。

另外一种奖励的方式是以减少落沟球的数量为依据，而不管你的最终得分。如果你一场比赛平均有 8 个落沟球（我知道你可能像我过去一样打出更多的落沟球，我只是举个例子而已），你可以在落沟球数量减少为 7 个或更少的时候，奖励自己 5 分。你的最终成绩可能并没有提升很多，但很明显你的技术有所提升，因为你的投球更加准确了。

做一个奖励分值表，把所有的奖励分值记下来，这会比你记下每一周的平均分变化要简单得多。你可能会度过一个糟糕的夜晚，这可能会让你有一点沮丧，即使你知道自我催眠技术可以让你的平均分变得更好。然而，你还是可以因为落沟球的数量减少而奖励自己 5 分，如果这是你关注的重点的话。就算这真的是一个极为不顺利的夜晚，你抛出的每个球都不如你意，你仍然要安慰自己，随着时间推移，你会变得越来越好。

本章所描述的技术会对你非常有效，多年来，它们已经帮助了无数的初学者和高阶的保龄球选手。许多职业运动员使用自我催眠后，不仅持续地提高了分数，同时也缓解了他们在比赛中的压力及"为了观众要打好保龄球"的紧张情绪。

当然，你一定要阅读这本书的其他章节，因为你会发现，为参加其他运动项目的选手提供的建议在打保龄球的时候也用得上。在一项运动当中对你有效的技术，在其他运动当中也有可能会帮到你。因此，即便你的平均成绩已经比你预想中提升得更快、更有效了，你仍然可以从其他运动项目的选手的经验当中有所收获。

本章重点

1. 保龄球应该是所有运动中心理层面的困难最多的一项运动。

2. 保龄球选手通常会面临 3 个方面的困难：

（1）要适应独自站在球道前准备投球的压力；

（2）打球时技术层面的问题；

（3）肌肉疲劳。

3. 运用自我催眠修正问题：

（1）首先学会放松，进入自我催眠状态，你需要消除你在打保龄球时的一切焦虑；

（2）在自我催眠的时候给自己两方面的积极暗示，一方面要强化你在打保龄球时的正确姿势，另一方面的积极暗示与提升平均分有关；

（3）不要试图去改变你每一场比赛的成绩；

（4）自我催眠的使用并不依赖于任何偶发的神奇事件。你应该为自己设定目标——在一段时间内取得更好的平均分，并且你要知道，随着时间的推移，你会非常成功。

4. 根据你面临的问题给出积极的暗示，以消除你在比赛时常有的表现焦虑。

5. 自我催眠不是万能的魔杖，它只是一种被证实的能够改变潜意识的方法，改变那些当你参加运动项目时控制着你的身体运动的潜意识。

6. 你可以通过奖励自己所取得的成就来强化你的潜意识重新编程的过程。

6
跑步

　　对美国人来说，一说起体育运动，大家首先想到的是长跑或短跑中的欢乐和痛苦。不管你是一个慢跑爱好者，还是一个不喜欢剧烈运动的跑步者，跑步似乎都是一项最理想的运动。它对穿着没什么特别要求，只需要一双合适的鞋子就可以了；它对场地也没什么要求，你可以在乡间的田野和草地上跑步，可以沿着公路跑步，或者在城市的中心地带跑步。

　　每天清晨，在曼哈顿那些最奢华的酒店门前，你会看到商业精英们乘着电梯到一楼，从百老汇跑到华尔街，再到第五大道。中午，跑步爱好者更喜欢跑到中央公园来打发他们的午休时间，然后换上职业装再回到办公桌前。

　　到中西部任何乡村农场去看看，你会看到男男女女在绵延的公路上奔跑，而旁边的地里种植着小麦、玉米和其他农作物。在加利福尼亚，人们通常是在广阔的海滩上跑步。

　　人们开始跑步有各种各样的动机。

　　对于一些人来说，这只是一种实惠的保持身材的方式。只要你有一双跑鞋，你可以在任何地方、任何时间进行锻炼，不需要花钱参加健身俱乐部，也不用买球、球拍、球杆或者其他的东西。你可以一个人跑，也可以组团跑。和睦相处的夫妻可以通过一个人跑步，另一个人骑自行车陪伴，来保持他们的亲密关系。

而另外有一些跑步者有一定的竞争意识。有时这是一种自我竞争，就是想要跑得更快、更远，或者满足一些其他的内在目标。有些人会喜欢几千米之内的短距离跑步，而另一些人则想参加长距离马拉松，可能至少 42 千米，甚至更远。

跑步者可能每天出去跑 15~30 分钟，或者是像顶级运动员那样接受训练，在跑步上花的时间几乎和他工作的时间一样多。事实上，有些人对跑步是如此痴迷，每周要跑上几百千米，他们甚至牺牲了陪伴家人和朋友、社交及其他活动的时间。有些医生甚至认为，这种对跑步的痴迷与神经性厌食症患者想要饿死的冲动没有什么差别。

你是哪种类型的跑步者

做一个成功的跑步者需要对跑步有正确的态度，许多人为了跑步的乐趣而跑。

研究显示，当你跑步的时候会发生两种生理变化：

第一种生理变化是，当你的身体自然地暴露在阳光下，你体内会生成一种天然的镇静剂。这是一种光生物学的结果——太阳光可以促进人体内维生素 D 的转化生成，维生素 D 会令你感到平和放松。当然，跑步并不是光生物学发生的必要条件，快走或慢跑也会有同样的效果。事实上，几乎所有 30 分钟以上的户外活动都会有同样的效果。

第二种生理变化是体内会产生 β - 内啡肽，这是一种会让许多长跑运动员和步行者每次外出运动都能感受到自然"高潮"的物质。跑步者说的"撞墙期"和"第二春"，就是指他们在跑步的时候会突然感到一种欣快、亢奋，并对他们所做的事情充满享受。在这一刻之前，他们可能已经开始感到疲倦，可能有点喘不过气来，想要休息一下，然后突然之间，身体和精神上出现了变化，他们感觉自己可以永远跑下去。就是在这一刻，β-内啡肽被释放出来了。

除了这两种生理变化之外，跑步时还有来自血液循环加速的刺激。当你运动的时候，你的血液的流速及大脑中的含氧量都会提高。当你刚开始跑步的时候，你可能会感到有点疲惫，接着你就发现自己很快提升到了头脑可以清晰地去思考和行动的水平。很多人发现，他们在跑步之后身体很疲惫，但是精神很敏锐，能够更轻松地去处理创意型的工作。

正如前文所述，你可能就是那种想保持身材并感觉良好的跑步者；你可能希望跑得更快、更放松；你可能希望增加跑步的距离，这样你可以享受那些不追求获胜的"非竞争性乐趣"跑步；你也可能是那种有竞争意识的跑步者，想要比过去跑得更快、更远，从而在比赛当中获胜；你可能想成为一名跑得更快的短跑运动员、中长跑运动员或马拉松运动员，你的竞赛范围可能是在你的学校或者是你所属的俱乐部；或者你可能是那种喜欢在你所在的州或其他地方参加各种比赛，与来自全国各地或者世界各地的运动员一决高下的跑步者；你甚至可能是那种痴迷型的跑步者，每天为了多跑几千米，不惜放弃所有有价值的事情。

对跑步痴迷，这是一种对原本应该带来乐趣的运动做出的极端反应。如果你真是这种情况，且你也来阅读本书，你就有机会把跑步变回一项有乐趣的运动。你需要正确看待自己的生活，这样你就不会为了每周多跑几千米的强迫性冲动而牺牲自己所爱的人、工作和平静的乐趣。

为积极目的改变潜意识

首先，你要改变的是你对跑步的态度。

你要让自己的潜意识将跑步定义为一种快乐和享受，这才应该是你参与运动的终极原因，这样才会有积极的结果，会让你的其他目标更加容易实现。

放松自己，让自己处于自我催眠状态。你应该在家里做自我催眠，和其他训练分开。

准备好之后，告诉自己这样一些积极的暗示：

> 我在跑步的时候感觉很好。

> 当开始跑步的时候我很放松，我知道我的身体有很好的力量和速度，因为我在跑的时候非常放松和舒适。不管是独自一个人跑，还是在比赛当中跑，我在开始跑步的时候总是感到很快乐、很放松。

> 跑步让我感到快乐。开始跑的时候，我很高兴能够参加这样让人愉悦的锻炼。当跑完的时候，我很高兴，因为我尽力做到了最好。我感到很放松、精神饱满，更有动力过好每一天。

当然，你可以根据自己的需要来调整积极暗示的内容。
一个非常热衷于竞争的跑步运动员告诉我：

> 就在我们开始之前，我感觉很糟糕。我呼吸很困难，一直在打哈欠。我知道我太累了，没有办法跑好，起跑时总是比我应有的速度更迟缓。我一直想我可能是病了，如果病了，就不应该跑步。这些想法总是出现在我的脑海。我知道我只是为比

赛感到紧张不安，一旦跑起来，我就会变好的。但是让我困扰的是，每次我在起跑线上都要经历这么多负面的问题。

说出这些话的跑步者并不是一个初学者，她从高中的时候就开始跑步，大学时还获得了不少奖项，在过去的 10 年里还一直参加马拉松比赛。她赢得了很多次比赛的胜利，并真心热爱她所做的事情。但是，她在开始跑步的时候总会有这种又爱又恨的感觉，最终导致她所提到的那些反应。对她来说，应该给自己这样的暗示：

> 将要比赛的时候，我感到很放松。当我做热身的时候，随着每一次的呼吸，我都更加舒服、更加放松，感觉越来越警觉。随着比赛时间的临近，我感觉更加开心、更加放松。我的身体被即将要开始跑步这种期待刺激着，我很高兴，我要开跑了。我很喜欢自己，很喜欢我正在做的事情。在开跑的时候，我感觉精力充沛、警觉、放松，一切都在掌握之中。

这些话能够帮助她拥有一个更好的精神状态。她从不说她的呼吸是完美的，否则她可能会有意识地抗拒这个暗示。然而，随着每一次的呼吸，她会变得更加舒服，这样的暗示是她可以接受的。

接下来，视觉化你将要跑步的画面，看到你自己非常放松、警觉，你的身体已经为跑步做好了准备。视觉化你正感到非常开心，期待着即将开始的锻炼或比赛。

视觉化你在跑步结束时，可能看到自己因为所做的事而兴奋不已，看到自己仍然很放松，但是感觉比之前更好了。你看到自己跨过终点线时，或跑回自己的家、办公室、学校的时候，感到非常清醒、警觉，并为自己所经历的一切感到高兴。

有些跑步者还喜欢视觉化他们在跑步途中的某个点，或者他们经常感到有些疲惫的那一段。他们想象自己如何优雅地跑动，双腿肌肉放松，轻松迈步，体内有源源不断的能量。他们想象自己呼吸非常顺畅，脸上带着笑容，沿着人行道、公园、公路或乡村一直跑下去。

就像我们在前面提到的那样，有些人可能无法做到视觉化，或想象他们在特定情形下的样子。如果你是这样的人，你应该告诉自己你的感受，对你所感受到的快乐做出积极的描述，你看起来是什么样子、你脸上的笑容，等等。

这种练习旨在改变你的潜意识态度。

你在跑步的时候越放松，就会对自己及所采取的行为感到越愉悦，就能跑得越安全、越快速，就越不容易被过度的疲劳所困扰，也不会因不可控的肾上腺素急剧飙升而使自己在比赛的初期就感到疲劳。

一个放松的跑步者——尤其是在比赛当中——能控制好快速冲刺时肾上腺素上升的幅度。而一个紧张的跑步者，其肾上腺素可能在起跑线上就开始激增，快速起跑后很快就感到疲劳，通常这种状况在比赛进行到一半之前就会发生。因为比赛初期过于紧张，他失去了这种匀速跑步及最后爆发冲刺的规划能力。为潜意识重新编程将有助于缓解这个问题。

修正个人问题

跑步者会遇到很多问题。依据跑步的距离、面临的竞争性和跑步的原因，他们面临的问题会各有不同，其中相当一部分问题根源于跑步选手和教练在脑海中都将谬见和事实混淆在一起。比如，每个人都"知道"，人类能跑多快是有极限的，跑得越快，大脑供氧就会越困难，为了防止你陷入意识不清、人事不省的状态，人体就为你的跑步速度设置了一个不可逾越的界限。

这个关于极限速度的伟大"真理"是建立在那个时代的谬见之上的。我还记得，人们曾经认为跑 1 英里（1.61 千米）打破 4 分钟的纪录是不可能的，没有人可以跑得那么快。每个人都知道这个"事实"，因此跑步者一般不会做更多努力去试图突破这个"极限"。即使在他们一开始跑得足够快，快要打破这个纪录的时候，他们的潜意识会让他们放慢速度或感觉到疲劳，就这样，这一极限就真的变成了现实。

突然，一个从不相信"4 分钟不可能跑 1 英里"的运动员突破了这个"极限"，他不仅实现了这种不可能，也说服了其他人，他们可以达到这样的速度。

接下来就会有一个新的"极限"，其中一种说法是"人类所能达到的 1 英里跑的极限是 3 分 55 秒"。接着这个"极限"也被打破了，又一个新的"极限"重新设立起来。有一些跑步者相信极限速度的"真理"，而另一些人则只是尽其所能，他们的潜意识告诉他们一切皆有可能，他们持续去突破没有人做到的事情，不断地粉碎一些人曾经深信不疑的"真理"。

事实上，没有人知道人类跑步的最快速度是多少，或者什么时候才会达到一个极限。人与人之间的差异如此之大，也有可能存在基因上的差异，因此，同一件事情，对于一个跑步者来说不可能实现，而对另一个跑步者来说却是很现实的目标。更重要的是，你想知道这个极限的唯一方法就是不断地督促自己去接近你当前的极限，然后稍微超越它。你跑得越多，跑步对你来说就越容易。你的心肺功能会增强，肌肉也会变得更加强壮，你的步伐会更加自如，能够让你的身体更高效地运作。无法知道你的极限在哪里是一个很好的机会，你在一生当中都在不断地提升，永远不会遇到你的终极极限。

在某种情况下，一个跑步选手有可能比另一个更有优势。如果两个跑步者能够以相同的速度迈动他们的腿，那么，腿更长一点的跑步者就可能赢得比赛。通常情况下，当高个子的跑步者在一场比赛中获胜时，矮个子的跑步者会在心理上接受失败的可能性。但是，高个子跑步者可能有更大的局限，他可能已经跑到了他的极限，而矮个子跑步者可能会更快、更强壮。矮个子的跑步者可能会发现获胜是很容易的，只要他潜意识里还没有放弃。

也有一种相反的可能，高个子跑步者可能在潜意识里认为，他自身多余的尺寸和体重是累赘，矮个子跑步者才更有优势。矮个子跑步者还可以跑得更快，因此"永远是赢家"。显然，高个子跑步者没有专注于激发自己在速度、耐力和真正影响比赛结果的积极态度上的潜力。

运用自我催眠来提升速度

为了提高你跑步的速度，你可以带自己进入自我催眠状态，开始做出以下的积极暗示：

> 我跑步的速度是没有极限的，我每天跑步，就是在提升我的平均速度。有时候我跑得比别人更有效率，逐渐地，我会跑得越来越快。
>
> 我在开始跑步的时候非常放松，肌肉很放松，身体很放松，精神也很放松。当感觉到自己放松的时候，我的步伐就变得更加高效。我的肌肉让我更有效率，我比之前跑得更快、更轻松、更高效。当我不断提升自己的时候，我意识到我的速度是没有极限的。我跑步时很放松，我的平均速度会变得越来越快。

当然，你可以根据自己的需要来调整这些暗示。与此同时，你应该配合使用视觉化技术。

你有没有在跑步的时候发现自己的身体反应非常完美呢？那个时候你可能是一个人在跑，但你却很想和别人比赛，因为你知道当时的你是不可战胜的。

你在跑步的时候感觉是怎样的？试着记住当时的步伐、肌肉的放松状态以及你呼吸的轻松感觉。在脑海中重新创造这种体验，并告诉自己，这就是你以后跑步时经常会有的感觉。

不要说你会一直都有这样的感觉，因为每个人都会有巅峰状态和低谷状态；只要提醒自己：这样的体验会出现得越来越频繁。

你也可以视觉化一个你曾经见过的跑得最快、最高效的跑步者，他可能是你在电视上看到的参加国际比赛的运动员，也可能是你在田径赛、马拉松或者你参加的任何一场比赛中看到的一个人。

接下来，想象一下这个跑步者正在比赛，只是这次要用你的身体来替代那个优秀的跑步者。现在，想象你正在参赛，做到了他所做的一切。你的榜样是男性或女性都无所谓，性别并不重要，真正重要的是技能。因此，一个男人可以视觉化一个非常成功的女性跑步运动员，想象用他的身体替代了她的身体；一个女人也可以视觉化一个非常成功的男性跑步运动员，想象用她的身体替代了他的身体。跑步的技巧对于男女来说都是一样的，你想要成为你能想象到的最佳跑步者。

同样，如果你无法视觉化这些场景，那么，告诉自己你希望在技能上做出的改变，描述步幅上的不同、身体在赛程中的放松程度、可控的速度爆发点，以及其他所有细节。告诉自己，这就是你跑步的方式，你的速度比以往任何时候都要快很多。

如果你想赢得比赛，你也应该运用视觉化策略。规划好你将要使用的跑步的方式：起跑的方式，在一群运动员中穿梭的方式，以及最后冲刺的方式。你要一直专注于让自己做得比过去更好，而不要把目标设定为在某一场比赛当中战胜某一个特定的对手，因为如果你这样做，你会发现他那天的表现也特别好。你跑得比过去任何时候都快，但是你的对手也是如此。你可能已经预先设想过自己在某个特定的弯道超越你的对手，然而你发现自己无法做到。结果可能是你极度沮丧，甚至会放弃努力。一旦你意识到了现实，就会击败你的潜意识编程，你就会开始放弃努力。然而，事实是，你可能比过去任何时候跑得都好，你已经取得了很大的进步，拥有了更好的潜意识编程，你本来可以取得比过去更好的成绩，即使你确实仅次于这个对手。

一定要把你的目标设定为自我进步。通过练习，加上"不要求自己比别人更好"的跑步策略，你将会跑得越来越快，你将能够取得曾经以为不可能的成绩。

修正其他问题

很多跑步者都会有一些小问题影响他们的表现。有时候，在他们跑步的某个时间点上，这些问题就会变得复杂。它们可能是快速跑步时的起跑问题，可能是在试图冲刺时常常发生的肌肉紧张，或者是你已经注意到但还没有想到解决方案的其他问题。不管是什么样的情况，你都可以用同样的技术来修正它们。

把自己带进自我催眠状态，专注于这些问题。想象自己在正常跑步时遇到困难的那些节点，然后想象自己克服了那些困难。

例如，你通常在跑到1/3赛程时会出现呼吸困难，那就视觉化你在那个时刻呼吸非常顺畅。并告诉自己：

我跑得越多，我的呼吸就会越顺畅，感觉会更好，并且会获得我需要的足够的氧气。每一步都让我拥有更顺畅的呼吸。

你是不是在快速跑步时起跑有问题？想象你做到了自己想要的起步方式，并且说：

我在起跑线上很放松，肌肉的张力恰到好处，正好可以保证我非常流畅且极速地起跑。每跑一次，我都感觉到我的起跑更加快速、有力，并且更加舒服。

你在临近终点的时候肌肉会变得很紧张吗？再一次视觉化你跑得越来越舒适，同时说：

我跑得越多，身体就会越放松，肌肉很松弛，跑动更加轻松。我很放松，完全控制我的身体，享受跑步和比赛。我跑得越快，我的肌肉就会越放松。跑步是一种乐趣，我感觉很快乐。

你面临的每一个问题都可以尝试应用这个方法解决，只需要根据具体情况来调整你的视觉化意象和暗示内容。

业余跑步者的技巧

本章所讲述的大多数技术都是为参加跑步比赛的选手设计的。你可能对比赛没有兴趣，只是想每周跑几次，享受单独跑步的乐趣，并以此来保持体形。当然，即使你志不在竞争，你还是会希望自己比过去跑得更好。

你需要运用的技术与那些想要提升参赛技能的运动员非常相似。现在，你只需要关心两个主要问题——速度和距离，即你要么是期望自己会跑得更远，要么是希望在更短的时间内跑完同等距离。

为了跑得更远，你不仅仅需要提升身体的耐力——因为你需要训练自己长跑的能力，你还需要克服一些心理上的障碍。在自我催眠状态下，你需要给出这样的积极暗示：

　　　　跑得越远，我就会越放松；跑得越远，我的呼吸就变得越顺畅。我感到自己更强壮、更有信心。当我跑得比过去更远一点的时候，我会很享受跑步的过程。

　　　　跑步的每一天，我都会变得更加强壮，我的耐力在增加。随着时间的推移，我能够跑得更远，平均的跑步距离变得越来越远。

　　当然，你可以根据自己的需要来改变暗示的内容。

　　你甚至可以为自己设定一个目标。比如，以前你总是跑到山脚下然后返回，你可以暗示自己：

　　　　当我到达山脚下的时候，我感觉到体力更充沛，呼吸控制得更好。我希望自己跑得更远一点，在往回跑之前，我可以先跑到半山腰。

　　然后，当再增加跑步的距离时，你可以暗示自己，你会一直跑到山顶，然后从另一边下山。不管你的目标是什么，你会逐渐地向它靠拢。

　　关于速度，你需要在影响速度的几个因素上下功夫。你可以暗示自己，你的肌肉会很放松，呼吸控制得很好，当跑得更快时感觉更好。如果在某些节点上你的步伐会变慢，那么你可以暗示自己，你的步伐会保持不变或变得更快。如果你之前在跑步的某些阶段会放慢速度的话，维持匀速步伐就等于是提高你的速度了。

　　你也可以为自己设定目标。如果你总是到达一个特定的地点，然后返回原点，那么你可以选择一个稍微远一点的地点，并且暗示自己会用同样的时间到达那个地点，然后返回原点。

不管你使用的是哪一种方式，都要确保你的目标是循序渐进的。你的身体比你想象当中更加强壮，这就意味着，这种想象可以立刻转化为跑得更快的能力。然而，让自己慢慢提升速度，你就不会在某一天感到很累或并不是非常高效的时候得到一个消极的反馈。你能够自豪地看到自己正在不断改善的过程，而不会感觉到灰心丧气。

不管你跑步是为了乐趣还是为了比赛，本章所讲述的方法都会提高你的能力。记得仔细规划你的方案，然后定期锻炼，这样你的平均能力就能够得到提升。成功依赖于身体与心智的结合，两者缺一不可。

本 章 重 点

1. 很多人发现，他们在跑步之后身体很疲惫，但是精神很敏锐，能够更轻松地去处理创意型的工作。

2. 首先，你要改变的是你对跑步的态度，将跑步定义为一种快乐和享受，这才应该是你参与运动的终极原因，这样才会有积极的结果。

3. 你在跑步的时候越放松，就会对自己及所采取的行为感到越愉悦，就能跑得越安全、越快速，就越不容易被过度的疲劳所困扰。

4. 关于极限速度的伟大"真理"是建立在那个时代的谬见之上的。

5.试着记住让你感觉良好的那次跑步，当时的步伐、肌肉的放松状态以及你呼吸的轻松感觉，并在脑海中重新创造这种体验，告诉自己，这就是你以后跑步时经常会有的感觉。

6.一定要把你的目标设定为自我进步，而不是战胜某个特定的对手。

7.业余跑步者通常需要关心两个问题——速度与距离，即要么是期望自己会跑得更远，要么是希望在更短的时间内跑完同等距离。

8.不管你跑步是为了乐趣还是为了比赛，本章所讲述的方法都会提高你的能力。成功依赖于身体与心智的结合，两者缺一不可。

7
拳击和武术

参加拳击曾经是身处贫民窟的美国人脱贫致富的唯一途径，武术则只能在东方学到。然而随着金手套培训在美国中部风靡，拳击俱乐部成为新时尚。继而像跆拳道这样的武术培训在大型购物中心也开始普及，这类活动吸引了成千上万人。

尽管拳击新近得到了人们的尊重，但仍然被认为是很危险的运动。然而，当儿童和青少年开始用头盔保护头部避免损伤时，人们对这种训练的恐惧就降低了。人们因为对这项运动的热爱，或为了塑造健美身材来学习拳击，但很少有人把它当作一种职业。

武术训练的固有危险更少，现在，武术培训吸引了各色人等，有医生、律师，还有学钢琴、芭蕾舞及类似课程的孩子。

人们对拳击的谬见

如果你对这两种自我防卫方式中的任何一种感兴趣，那么很有可能你的潜意识编程有些消极。

这么多年以来，人们对拳击有着各种各样的谬见，有些已经成了令人生畏的"真理"。

与任何一个运动爱好者交谈时，你都会了解到，一个拳击手必须符合以下条件（一种或多种）：

有杀手的特质；

是黑人；

是白人；

是德国人；

是 _____（加上你自己的肤色、信仰、种族、国籍）；

有粗壮的手臂；

手臂很短；

充满力量的击打者；

像舞蹈家一样优雅；

嗜血成瘾；

绅士；

在拳王手下训练；

单独训练；

天生如此；

受训后习得。

…………

对于赛前的宣传及其他因素，职业拳击手甚至比业余拳击手更加迷信。赛前的宣传充满了豪言壮语：

我是最伟大的。

虽然他老了，大腹便便，但他能承受重击，而且有着年轻对手所无法揣测的心。

他是无敌战士。

你可以扔掉这份胜负记录本了，虽然汤米在过去的 37 场比赛中都被 KO 了，但这是一场势均力敌的比赛，他 87 岁高龄的祖母也在观众席上，你可以完全忽略他过去所有的胜负，因为汤米已经答应了他的祖母，他要将卫冕者一拳打倒，而卫冕者也已经知道自己的地位岌岌可危。

还有一些这样的迷信：

只有当我早餐吃 3 个生鸡蛋，再加 1 杯橘子汁的时候，我才能赢。

我必须在晚上 7:07 到午夜时分在拉斯维加斯的凯撒皇宫接受训练。

我必须戴上那双能给我带来好运的铜指节手套。

拿走冠军的橡胶鸭，他就可能会觉得他赢不了比赛。

当然，这种宣传是愚蠢的，但是总有参赛者会相信。

两个成年人，体格超级健壮，天生的运动员，经过了几个月的训练，突然发现自己陷入恐惧之中，畏缩不前，因为他们都听说对方会赢得这场世纪之战。

接着他们开始出拳，每个人都竭力防守，他们的击打都是试探性的，他们的行为非常克制。有时候这样的情况会持续 15 局，其中一个选手最后靠点数赢得了比赛。观众则因他们两人所表现出来的技能匮乏而十分反感。

有时候，他们中的一个打出一记有力的重拳，对方摔倒或明显受伤了。这个出击的拳手突然意识到他有可能会赢，他曾经忌惮的这个对手并不是坚不可摧，于是他开始奋力出拳，而他的对手则变得更加谨小慎微，最终输掉了比赛。

也有两名拳击手都突破了对方防守的时候，他们都意识到他们的恐惧是没有根据的，他们开始像训练时那样出击。而这场比赛就变成了拳击艺术的经典示范，观众也很喜欢这场比赛。

但是，只有在他们一开始迷信于赛前宣传等谬见之后，这些变化才会发生。

这对你来说意味着什么？它意味着，作为一个拳击手，你的能力在很大程度上是由你的心态决定的。无论你是为了娱乐和健身而享受这项运动，还是想认真参加比赛，控制好你的潜意识始终是你成功的秘诀。

人们对武术的谬见

武术已成为美国最流行的运动方式之一，人们将动作与身心合一的训练相结合来应对街头暴力。中国、韩国、日本等国有不同类型的武术。有些武术用于锻炼身体，有些作为运动项目，还有一些则结合了健身及自我防卫。

人们对武术的谬见通常是从电影或者电视剧当中演化而来。比如，中国人和日本人拍摄了一系列的动作冒险电影，当中就涉及功夫、空手道和其他的武术。这些专业人士所展示出来的速度和敏捷，似乎意味着普通人完全无法学会这些技能。但事实是，电影中的这些打斗场景在很多时候都是快进的，另外，很多打斗场景是精心设计的。这些打斗如果真的发生在街头，用同样的应对方法是不可能真正胜出的。

比如，很多 30 多岁的人即使对武术很感兴趣，也会犹豫要不要去学习，因为他们害怕自己做不了他们曾经看到过的那些跳跃动作。但事实上，这些跳跃的动作虽然很有力量且富有戏剧性，但都只是一种练习。它们有助于锻炼体能，它们对于拥有一定的敏捷度和柔韧性的年轻人来说特别有用，因为他们可以借此快速塑身，且如果能持续锻炼的话，到老年时他们仍然能够保持很好的体型。年龄更大一点的学员可能永远都无法做到这些动作，但是这一点并不重要。比如，美国跆拳道协会（大概拥有 500 所学校和超过 10 万名会员）也招收老年人和重度残疾的人。一位男性在 72 岁的时候得到了黑带，他自然是失去做跳跃动作的柔韧性和灵活度很多年了，但他还是必须达到跟其他黑带一样的能力标准。

在现实生活中，如果接受过武术训练的人在街头受到攻击，他们会使用非常简单的动作，可能就是格挡或逃跑，也可能是一个挡踢组合，或是其他的一些基本技术。所有其他的练习都只是帮助他们保持灵活和优雅，使他们拥有良好的心血管状况。而且，男女在训练方法上没有差别，所以这项运动人人皆宜。

尽管如此，许多人对学习武术还是犹豫不决，或者觉得他们永远不会在武术方面取得很大的成就。

> 这只是一项年轻人的运动。
> 我不可能像超级空手道选手那样在空中翻腾。
> 我的反应能力会随着年龄的增长而变慢。
> …………

事实上，武术就和拳击一样，想要取得成功，需要精神与身体同时参与。你必须定期参加训练，必须锻炼身体的柔韧性，提升耐力。然而，这些训练都很简单，可以根据你自己的节奏来进行。当你与一个能力相当的人对战的时候，就像你在很多课程当中会做的那样，年龄可以成为你的优势。年轻人的反应较快，但是年长的人会在思想上超越年轻的对手。一个 40 岁的初学者会预判对手怎么做，通过转换位置来躲避、阻挡、反击，或者用其他合适的方法应对。年轻人可能会依赖于自己的速度，往往得比需要的更努力，因为他无法在思想上超越比他年长的对手。因此，年长的人常常会给想要凭借速度取胜的对手带来无数的意外。

无论是年轻的武术爱好者还是年长的武术爱好者，都可以从改善他们自身的心态中受益。一个积极的潜意识设定可以让你的能力远远超出你现在所拥有的，无论你年龄多大或有什么样的身体局限。

身体训练

拳击与武术需要相似的训练，尽管武术更容易学习，且无论男女都可以终生以此为乐趣，职业的拳击训练本来就非常危险，因为拳击赛的理念是给对手造成足够的创伤，让他失去意识（即KO）。一个业余拳击手或拳击爱好者通常会戴上头部护具来避免被KO时造成的其他损伤。然而，由于身体要承受的击打太多，很少有人在35岁之后仍然喜爱参加拳击运动，这也就是那些职业拳击运动员在他们20来岁的时候达到职业巅峰的原因。

武术不像拳击那样暴力，虽然那些击打和踢腿可能比在拳击运动当中更加致命。举例来说，空手道旨在打断对方的肋骨或其他骨头，手上技术产生击穿对方的内劲，造成其重伤或死亡。但武术比赛的理念是获得控制（证明已控制）。层级越高，技能越精湛，选手的控制能力就越强。他们接受训练时，踢向对方头部的脚会自动停在接触点附近，手上的技术也同样需要适度把控，这样手脚都不与对方的身体有任何接触，或者控制得当，让那种接触只把出击之初的部分力量释放出来，不会对对方造成伤害。甚至连摔法都是规划好的，这样攻击者能控制好对手摔倒的角度，从而不会对对方造成身体伤害。

正因为武术的目标就是发展这种控制能力，所以武术被各个年龄段的人喜欢。这也是很多健身俱乐部增加中国功夫、跆拳道和其他武术项目的原因，同时也是老年人喜欢这项看起来更适合灵活的年轻人的运动的原因。

身体的训练是很重要的，你不可能超越身体所能承载的极限。一位企业高管喜欢每周去 3 次健身房练习拳击，他锻炼身体，和人对战，乐在其中。他的身体条件非常好，如果他在街头遭遇袭击，我相信他可以保护好自己。但是他不可能打败每周 7 天、每天练习几个小时的拳击冠军。

自我催眠不是要把你变成世界上最好的拳击运动员，而是改变你的潜意识态度，帮助你提升现有的技能，让你取得的成绩超出你的期待。当然，如果你的目标是成为最好的拳击运动员，在你进行专业训练的同时，自我催眠也可以帮助你。

在拳击这一部分之后，是武术部分，这可能是很多人感兴趣的，因为不同的运动形式都被大众所喜爱。同样，如果没有很好的身体训练，你是没有办法立刻成为武术冠军的。但你的潜意识心态是决定你成败的一个关键因素。接下来你将学习如何做到这一点，从而在比赛当中提升你的成绩。

拳击

作为一个拳击运动员，要想提升你的能力，有几个必要因素，最重要的是拥有一个正确的心态，这样你就不会因对手的形象而动摇自己的信心。

第一步是学会在赛场上放松，你可以在自我催眠状态中用这样的暗示：

　　我是一个接受过良好训练的运动员。我已经尽我所能地训练了，我已经学会了如何格挡、躲避和出击。我和我的对手一样强大，并且我们会利用这场比赛进行技术交流。我会非常放松，并且享受这场比赛。

请注意，所有的积极暗示都不要强调获胜。

拳击本质上是竞争性很强的运动，然而，如果你只聚焦于取胜，那么在拳击场上的任何挫败都会动摇你对自己的信念。如果你暗示自己，你会赢得一场对你来说很重要的比赛，但是在第 1 局的前 15 秒你就被击倒，那么你就很难再保持住你之前的潜意识编程。那样的一击给你造成的消极想法比你这几周以来的所有积极暗示都更有影响力。

不要把获胜作为一个目标，比赛时你应该努力去阻挡对手的进攻和寻找对手的空当，也允许自己出现可能的失误。因此你可以暗示自己：

> 我将会挡住对手的攻击，每一次他突破我的防守我都会学到他的一些技术。每赛完一局，我都会变成一个更强的拳击运动员，因为我知道了对手的战术和弱点。我将利用他的弱点，知道他什么时候会突破我的防守，我会获取足够多的信息来帮助自己更有效地跟他战斗。

其他的暗示：

> 我在拳击比赛的时候会非常平静、放松、开心。我会寻找对手的空当并加以利用。但是我总是会很享受这种技术交流的过程。我会寻找机会出击，在每一局比赛当中，我都会对这种机会更加警觉。我会控制好自己，冷静地处理对手的每一次进攻，并且从每一次失败的打击中吸取教训。

你应该根据自己的情况来修改这些暗示内容，你会发现这些暗示能够帮助你避免让消极的想法主导你的行为。如果你在拳击台上被击倒了，你不会认为那一击给了对手一个先机；相反，你会从中学习他的策略并且对自己的防守策略做出必要的改变。你已经发现了自己在拳击比赛中的弱点，你会对自己能力的提高感到高兴。

这种积极的暗示比用自我催眠来说服自己"一定会赢"有用得多。暗示自己一定会赢的做法往往会导致要么全有、要么全无的孤注一掷的态度，这种态度无法确保你经受得起来自"幸运一击"或意料之外战术动作的挫折。当你受到比预期更严重的打击时，潜意识的重新编程可能会失去功效，即使你原本是有可能会赢的。

你可能也想要提升你的技术。

长跑训练对你来说有困难吗？

如果有的话，你可以使用在第六章当中的那些暗示，将它们运用到你的长跑训练中，而不是为了跑步而跑步。你可以告诉自己，你会感觉更强壮，呼吸更加轻松，跑得越多就越享受。你可以告诉自己，随着时间的推移，你会渐渐地增加耐力。这些积极的暗示将会强化你的呼吸，并且使你的训练更简单。

坚持 15 个回合对你来说有困难吗？

你把双手举在空中的时间越久，就感觉双手越沉，因为你的肌肉会疲劳。但是拳击运动员必须克服这个非常自然的问题，你可以给自己这样的暗示：

> 每打一局，我似乎都在重新获得力量和精力。和对手对战得越久，我就越是感觉到一股不断涌动的新动力，这能够让我更加高效。如果我被击倒了，我会以更好的警觉性和控制力重

新站起来。我的手会更有力量，我的手臂会在防守姿势上更加舒适。

有些拳击运动员甚至会在每局比赛的间隙也想要加强他们的潜意识，他们在等待开局铃声的间隙给自己一些暗示，但这往往是不可能的，因为时间有限，他们还需要听教练说话。所以，这种潜意识的重新编程应该在比赛之前就做好。

在自我催眠的状态下，你仍然可以参加拳击训练或比赛（虽然我不建议这样做），你可以极大地提升自己的能力，因为你会更加专注于能够让你获胜的这些技术。然而，也有可能出现你预想不到的问题。

一个很典型的问题就是，你对于观众发出的噪声的反应。

如果你在拳击比赛中突然被击倒了，你可能会听到人们叫嚷："你是一个失败者！""这场比赛被操控了！""你是个傻瓜！"和其他类似的评论，这种贬低你的评论围绕在你耳边，到处都能听到。因为你此时正处在一个高暗示感受性的状态，你就可能会相信这些负面的评论，可能会觉得自己已经输了这场比赛或者失败不可避免。你不再竭尽全力去发挥，因为你在无意识当中已经放弃了。

更好的方式是你在上场之前就预想这些问题，并且训练好自己的潜意识。

一个职业拳击运动员告诉我：

> 我知道人们会很讨厌我。我赢了太多比赛。每个人都喜欢那些失败者，而我现在正处于巅峰。
>
> 我在比赛之前会使用你教给我的催眠技术。我告诉自己，我不会听人们说的话，只关注自己的对手，不管人们喊叫些

什么，他们的喊叫就像背景音乐一样，对我没有影响。我会把注意力牢牢聚焦在我要打败的这个人身上，这样我就不会动摇。

我和其他的一些拳手交谈过，在观众对他们怀有敌意的时候，他们真的受到了干扰，但是我不会去理会这些。如果我被打败了，只可能是因为对手战胜了我，而不是因为前排的一些观众在那里骂我的缘故。

你也可以运用自我催眠的方法来提升自己的攻击能力。比如，你可以暗示自己，你的左勾拳会更加凶悍、更有力量、更精准；你可以告诉自己，你会更早地预判对手的出击，从而让自己更好地避开这些攻击。

视觉化技术应用在拳击项目中有些困难，因为拳击比赛中能够预测的因素太少了。当你在训练的时候，你可以在长跑训练中视觉化自己跑得更轻松；可以想象自己在每一局比赛结束时站在那里非常开心，强化"不管是谁赢得了比赛，你始终会坚持到底、赛完全程"的想法。

当你接受专业的对战训练时，你可以想象对手使用的技术。你可以观看对手打比赛时的视频，观察他使用的技术，并在脑海当中设想出你对抗、阻挡、躲避的技术和方法。如果你的对手经常会留出一个微小的空当，那么就视觉化你自己在拳击场上，趁着他留出空当的时候做出你的反击。

研究对手的强项和弱项的每一个方面，但不要在催眠状态下预想一整套能够战胜他的战术方案。

职业拳击比赛的现实情况是，在你研究对手的时候，他可能也在研究你。他可能觉得需要彻底改变自己的风格才能够打败你。比如，他以前的风格是第一局的时候提前闪避，在对战中慢慢得分，现在他的风格可能转变为一开始就使出浑身解数，使出拼命快速的技术，试图在头两分钟内就把你 KO。或者，以往第一局就使出重拳的拳击运动员，会在前几局里使用不同的技术组合，切换出击的方式，慢慢地把你累垮。如果你专注于之前预想好的一个完整的战术方案，你可能会被他的变化打个措手不及。但是，如果你只是规划着自己的强项并寻找对手的空当，那么无论对手采用什么样的策略，无论他什么时候出击，你都能做出更好的应对。

武术

武术实际上包含着很多重要方面。

首先是招式，教你如何做到优雅、平衡、控制和技术组合；然后是简单对练，教会你控制时间以及战术组合；最后是自由对战，在这个过程中，对战双方交流技术，使用精心控制的打击去获得足够的点数来赢得比赛。自由对战跟拳击相似，但禁止了那些能带来更大危险的攻击动作。

全接触空手道是一种全新的运动模式，它融合了自由搏击、常规拳击和空手道的元素。禁止动作仅限于防止严重受伤，对战双方必须使用一些垫料、护具以降低对手招式的杀伤力，但是允许击倒对手。全接触空手道所必需的潜意识重新编程和拳击是相同的。

招式的最大困难是必须记住这些动作，并且让它们看起来很自然，然后你可以专注于其他元素，比如平衡、速度、优雅、力量。为了帮助记忆，你可以运用第二章当中的放松技巧，然后告诉自己，你会很快速、很轻松地学习；每次练习的时候，你都会发现自己的动作更加自然，你会以更好的技巧完成所有的招式。

接下来，在头脑当中想象某个人演练着你期望学会的招式，这个人可能是你的教练，或是你仰慕的黑带选手。正如前文所论述的一样，你可以想象自己的身体替换了你偶像的身体，看到你做出了同样的技术动作。

如果你与某些人一样无法视觉化，那就思考你学到的这些技术，告诉自己你将如何完成每一个动作：转身、出拳、阻挡、踢腿等。这和视觉化有同等效果。

最后，你对自己所处的训练层级中所有的招式运用得更加熟练。你会发现有的时候你的招式打得和你的偶像一样好，当这种情况发生时，你会把这种经验融入你的催眠过程中。

把自己带入自我催眠状态之后，视觉化自己像你表现最出色的时候那样完成所有的招式，记住身体的感觉和你的平衡感，还有肌肉的感觉。然后在你的脑海当中复制这些感觉，就好像在脑海里演练这些招式一样。你会发现这些感觉和技术的强化会转变到你的实践中。

如果你无法视觉化这些，那么可以试着记住你的身体是如何感受的，说出这些招式和身体的感受。这会极大地帮助你改善自己的招式。

武术中的对战项目通常很容易让你的表现受到紧张情绪的影响，但你可以通过自我催眠来改善这种状况。将自己带入自我催眠状态当中，并给自己这样的积极暗示：

> 当我走上擂台的时候，我会越来越放松，我发现自己变得更加冷静、警觉。在对战开始的时候，我能够更快速、更有效地行动，我的呼吸控制得当，并且我能够越来越好地预判对手的动作。

随着时间的推移，我将更准确地进行阻挡和反击；随着对战的进行，我发现自己变得更加有控制力、更加冷静、更加平和。

当你通过这些暗示令自己更加放松的时候，可以开始聚焦于你所关注的特定领域，或者能够提升自己对战能力的通用技能。它们可以是非常具体的，比如：

我会靠近一个高个子对手，让他难以发挥腿长的优势。

我会扩大与一个矮个子对手的距离，来发挥自己腿长的优势。

我会以 45° 角向我的对手移动，让对手猝不及防，让我更容易逃脱。

我会抓住对手运用攻击战术之后的空当对他进行反击。

很明显，这些都是很基础的概念，但是在自我催眠状态下重复它们，可以强化你的训练效果。

你也可以研究一下武术的策略，就像在拳击那一部分提到的那样。同样要确保你的暗示是很具体的，而不是规划一个战胜对手的总体策略，因为对手的对战技术可能与过去不同。你可以视觉化各种不同的攻击方法和反击方法，让自己为应对对手的攻击做出更好的自然反应。

如果你练习的武术允许将对方打倒，你可以运用视觉化技术，回想你成功打倒对手时做过的每一个动作，试着记住当你让对手失去平衡的时候，你的脚是怎么放的，你身体是怎么保持平衡的，以及你肌肉的感觉。接着，在脑海中重复这些场景，重复感受你曾经体验过的身体反应。同样，如果视觉化对你有困难，就口头告诉自己这些体验。

可能武术最广为人知的技术是用脚或手击碎木板，而这恰恰是武术中最不重要的。这种击碎木板的表演看上去很让人震撼，但通常只是为了展现练武者在掌握了基础技能之后的力量、聚焦和技术。在一些组织当中，击碎木板是在进阶黑带之前才练习的，因为人们认为基础的能力是更重要的学习内容。

为了帮助你击碎木板，你只需要关注两个方面。

首先是在脑海中做好技术准备。你可以暗示自己，每一次击打木板时，手或脚的位置都非常合适。例如，你需要确保你的拳头在接近撞击的时候手腕做适当的弯曲，以免伤到你的关节。踢的时候，脚的角度要适当，其他的击打同样需要正确的位置。想一想你曾经看到过的最完美的动作，以此来帮助你提升能力。记住在自我催眠的时候，在想象中用自己的形象代替偶像的形象。

其次，你需要掌握的技术是精神聚焦。为了击碎木板，你需要打中木板上的一个点。你应该在自我催眠状态中练习这种技巧，给自己这样的暗示：

> 我总是会击穿木板，我会很放松，我的眼神聚焦在这个木板后边。我的拳头（或脚、膝盖、手等）将会准确地击穿这个木板。当我成功的时候，我将拥有最大的力量，我的动作舒适且精准。如果木板没有被击穿，我会用这次经验来提升我的技术，每一次都会变得更好、更精确。

你可能也希望提升其他的方面，但所使用的自我催眠的技术是相同的。在自我催眠状态下做积极暗示，再加上你的身体训练，并在适当的时候配以视觉化技术，将会让你超越你曾以为的能力极限。你会在拳击或武术方面变得更好，很容易超越你过去对自己的期望。

本章重点

1. 作为一个拳击手，你的能力在很大程度上是由你的心态决定的。无论你是为了娱乐或健身而享受这项运动，还是想认真参加比赛，控制好你的潜意识始终是你成功的秘诀。

2. 每位武术爱好者都可以从改善他们自身的心态中受益。一个积极的潜意识设定可以让你的能力远远超出你现在所拥有的。

3. 身体的训练是很重要的，你不可能超越你身体所能承载的。

4. 自我催眠将会改变你的潜意识态度，帮助你提升现有的技能，让你取得的成绩超出你的期待。

5. 请注意，所有的积极暗示都不要强调获胜。

6. 视觉化技术应用在拳击项目中是有些困难的。

7. 武术中的对战项目通常很容易让你的表现受到紧张情绪的影响，但你可以通过自我催眠来改善这种状况。

8. 在自我催眠状态下做积极暗示，再加上你的身体训练，并在适当的时候配以视觉化技术，将会让你超越你曾以为的能力极限。

8
举重与健美

　　举重和健美已经成为许多美国人最喜欢的个人运动。以前，说起这两种运动，人们联想到的是那些设施陈旧的健身馆，里面放着很多不同重量的杠铃片，破烂不堪的储物柜，多处有裂纹的镜子，以及每位家长都很熟悉的孩子每年带回家的脏兮兮的健身服的味道。如今，人们有很多方式来完成这样的训练，有训练中心，比如，运用鹦鹉螺机，配备很多尖端设备，用于个人训练肌肉。也有一些更加现代化的健康俱乐部或健身房同时拥有杠铃片和专业的训练器材。

　　健美也不再是男性专属的运动，很多女性也进入了这个领域。她们在训练的时候非常性感，她们的形体比男性的更有曲线美，力量的增长让她们看上去更漂亮，而不是让她们看起来像"肌肉堆"那样。

　　举重也受到了男性和女性的欢迎。举重者的一个主要目标是举起比他们的体重更沉的东西。举重比赛根据举重者的体重分为不同的级别，且男性和女性分开进行。

　　健美运动的风靡也使人们产生了很多谬见，如取胜的唯一方法是：服用类固醇，或多吃富含肌肉纤维和高蛋白的食物，如生鸡蛋、生肉等食物，或服用激素，或行贿、视性别的不同与裁判发生关系。

现实情况则并非如此。人类的身体十分强壮，比我们所想象的要强壮 7~9 倍。不管我们是什么样的身体状况，我们只是动用了内在力量的一小部分。

等一等，不要跳起来指责我的话像很多心灵鸡汤专家都在说的愚蠢论调。

当我听到别人跟我说"我们只是用了 10%（或 20% 等其他比例）的脑容量，即使是爱因斯坦也只用了 4%~5% 的脑容量"的时候，我也感到很可笑。很明显，这种估计的前提是我们已经知道 100% 的脑容量到底是多少，但是其实没有人知道。如果你不知道 100% 是多少，那么你又怎么知道这其中的一小部分是多少呢？然而，如果是谈到健美和力量，我们确实是有证据的。

比如，你可能读到过一篇新闻报道，是关于西尔维亚·霍格法斯夫人的。

霍格法斯夫人是一位娇弱的家庭主妇，体重仅 42 千克，她唯一的运动就是每天做家务。有一天，霍格法斯夫人平静地站在厨房里烤苹果派，这时突然听到一声尖叫。她望向窗外，看到她的儿子——身高 1.88 米、体重 102 千克的大块头弗兰克·霍格法斯——在试图调校发动机的时候被汽车压在下面了。这辆车是 1970 年生产的雪佛兰，有着大功率的发动机。车子原本是被支撑在那里的，但是突然之间滑了下来，把这个年轻人压在下面了。

霍格法斯夫人毫不犹豫地冲到车前，抓住汽车的保险杠，抬起了车子，直到大块头的弗兰克痛苦地从车底下爬出来。然后，她把车放下，打电话叫了救护车，并且在等待救援的时候抚摸她儿子的头。直到后来才有人注意到，霍格法斯夫人完全没有受伤——

她的背部没有受伤，肌肉和韧带也没有撕裂，一切都很好。这辆车的重量超过 900 千克，是她体重的 20 多倍。

一个人要发挥出像霍格法斯夫人一样的能力，有 3 个因素起作用。

第一，身体内的肾上腺素急剧上升，促使人去采取行动。肾上腺素的上升让霍格法斯夫人在必须抬起非常重的物体时能够充分利用身体的全部力量。

第二，心理层面的因素。霍格法斯夫人心急如焚地想救她的儿子，一心只想抬起那辆车子，完全不考虑救人可能会有的重重困难。霍格法斯夫人并没有对自己说：

> 我只是一个很柔弱的 42 千克重的女人，我患有关节炎，还会偶发银屑病。除了擦地板，我已经很多年没有锻炼了。那辆车可能有我体重的 20 多倍，我无法独自救出我儿子，我得找人来帮忙，希望救援吊车能及时赶到。

相反，当她看到孩子的处境，本能的反应就是跑出去把车抬起来。对于这个行为的所有潜在问题，她都没有考虑过。

第三，霍格法斯夫人抬车的方式是正确的。她的脊背挺直，双腿站位正确，膝盖适度弯曲，避免了肌肉和韧带拉伤。这种正确的抬车方式是一种本能，尽管我们通常并没有意识到这一点，而且在做举重训练的时候还在刻意学习这种正确的方法。

我们偶尔也会听到这样的故事：一个人用不恰当的方式抬举重物，这个人当时是如此专注于救援，没有感觉到身体的损伤，但后来却发现脊背受伤、肌肉撕裂，或受了其他严重的伤。即使这样，那人仍然举起了这个重物，而那看似是不可能完成的。

这意味着什么呢？

简单来说，我们确实有证据证明，我们的身体能够做出比我们意识到的能力更强大的壮举。霍格法斯夫人在现实生活中也有她的另一面，有可能她在感恩节的时候不得不请她的儿子或丈夫帮忙把火鸡从烤箱里拎出来，因为火鸡的重量对她来说太重了。但这种需求并不是身体上的，而是心理上的。她知道火鸡很沉，而且也确信自己没有那么强壮。但是，当她来不及分析自己的能力而不得不采取行动的时候，她也可以举起那辆沉重的汽车。

关于举重的消极思维

每当你站在堆满了杠铃片的房间时，你总是倾向于告诉自己负面的想法：

> 我永远不会像 ××× 那样强壮。
> 我不可能举起任何沉重的东西。
> 我知道我最好的卧推重量是多少，我不可能超越这个极限。
> 他是很棒的，我永远不可能达到和他一样的能力。

当你走到鹦鹉螺这样的器材前，你会说：

> 这样的重量我永远都不可能连续举起 5 次，因为这对我来说太重了。
> 你想让我尝试再增加 5 千克的重量？那你就是在开玩笑了，我现在举起最小的杠铃片已经够呛了。

还有各种各样的借口。

我们总是不断地为潜意识编制消极的程序。

最可悲的是，这种消极编程我们可能已经保留了很长时间。不同年龄的人可能都记得那些曾被当作事实的古老谬见。

> 如果一个女人开始举重，她的肌肉就会像男子一样结实。
>
> 女性健美会摧毁女人的生育能力。
>
> 擅长举重的那些人都是头脑简单的人。你越是聪明，你的
> 肌肉就越不发达。

这些关于举重和健美的谬见听起来很好笑。我们都知道不应该接受这样毫无意义的偏见，但是我们的心智还没有成熟到去识别我们身体内已被一次次证实过的真正潜能的水平。

许多国际知名的举重运动员都被曝光使用类固醇，这令他们感到很难堪。他们试图改变自身的化学物质来让自己变得更强大。很多人认为类固醇是必要的依靠，他们相信，如果不这样做，他们永远不可能举起那么重的重量。因此，一些本来有望成为奥运冠军的顶尖选手可能要退出大多数比赛，因为他们被禁止使用类固醇。

幸运的是，如果你可以改变自己的潜意识编程，就能够更高效地利用你的肌肉，举起接近你能力极限的重量，这也就意味着你的水平会得到显著的提升。

注意：

你将要学到的技术会提升你的举重能力，可能是成倍地提升。然而，在你为潜意识重新编程之后，你不应该立刻就去测试；相反，你应该逐渐增加重量负载，使成绩达到比你预期的成绩更好的水平。这种方法会比一般的训练方法有效得多，但是当你在改变你的潜意识的时候，必须是循序渐进的。

这么做的原因是，每一次增加重量负载都会令你有受伤的风险。假设你现在举起重量负载的方式有一点差错，你的身体平衡与理想状态有误差，你没有做好力量分配来防止受伤，但是，相

比于你举起的重量，你足够强壮，从而可以忽略这种差错，所以你没有注意到。

突然之间你切换到一个更大的重量负载，可能是增加了 20 千克或者更多，这是极度危险的。如果你失去平衡，可能会伤到你的背部，导致肌肉损伤，或者伤到身体的其他部位。任何超出你现在水平的重量负载的增加都会有同样的风险，但是，你在应对较轻的加重时，你会意识到可能造成的伤害，你可以在增加重量负载之前改变你的平衡点，并使用适当的技能。这种缓慢的增速可能会令你沮丧，尤其是当你已经有能力举起比以前更重的东西的时候，但是它会让你在举重的同时远离受伤的风险。

为你的潜意识重新编程

重新设定潜意识的第一步，是学会在举重训练或参与举重比赛的时候放松自己。这么做的原因是可以大大降低你受伤的风险，并最大限度地利用你的力量。如果你在比赛时很紧张，你就无法发挥出正常水平。在健美比赛的时候也是一样的，不过唯一的后果是你看起来会非常僵硬，因为你在健美比赛的时候是不会受伤的。

从放松自己开始，然后进入第二章所描述的自我催眠状态。现在脑子里只想举重，想想当你放松且享受这件事情的时候，你是怎样的感觉和怎样的行动。

接下来，开始给自己植入暗示，帮助你在训练和比赛的时候发挥得更好。

我享受举重。当我开始举重的时候，我很喜欢这种平衡、放松、呼吸顺畅的感觉。

每一个暗示都是为了帮助你更好地放松，并让你调整到一个更好的状态。

如果你能够视觉化你的举重技术，那就想象自己举起了更重的重量，你总是非常放松，并享受这个过程。如果你曾在目前条件下举起过不可思议的重量，并且完成得很舒服、很成功，试着记住你当时身体的感受，试着记住当你抓住杠铃举到你头顶时候的肌肉状态和身体的平衡变化，告诉自己，在逐渐增加重量的时候你会如何利用这个身体感觉重复这个动作。

如果你并不记得自己有哪一次举重的动作是很完美的，就想一想你曾经看到过的其他人的完美举重动作，可能是在你训练时候，或者是在电视比赛中看到的。

你知道哪个人举重的时候其动作和控制力都很出色吗？视觉化这个人正在举重，然后想象你的头和身体替换掉你记忆中他的样子。现在你想象着自己正确地举起一个更重的重量，而且在这个过程中你非常放松、非常平静。

在比赛之前，你可以通过进入自我催眠的状态并给自己一些暗示来强化准备工作。

> 我享受比赛，越是在我快要上台的时候，我越感到轻松，我的心智完全聚焦在我将要运用的技术上。当我即将举重的时候，我非常放松，身体很平衡，我的肾上腺素以一种可控的速度流向我的肌肉。当我开始举重的时候，我会用我的技术发挥出身体最大的力量。我的举重动作将会平稳、有力，控制得很好，每一次举重都会比上一次更好，每一次举重都会把我现在最好的实力发挥出来。

不要给自己设定一个具体、明确的目标，不要告诉自己你将会硬举 136 千克，而你之前的最佳纪录只有 96 千克。是的，你的身体有可能完成这个壮举，但是，你在比赛当中力量的变化是循序渐进的，你需要慢慢地为自己的潜意识重新编程，期待自己稳定进步，而不是突然之间变成一个超人。

还有一种情况是，在某一天比赛的时候，你可能会感到很累，浑身肌肉酸疼，或者与你最近的练习状态不一样，那么，你的目标就要设定为发挥那一天最好的状态，即使比你平时能举起的重量要少。

你一定要追求逐步的提升，这一点一定要注意，我再怎么提醒也不为过。不管你的身体能够举起多大重量，你都必须学会掌控新的重量。在你举起 68 千克的时候，一个轻微的平衡问题可能不会对你有太大影响，但是如果同样的问题发生在你举 90 千克的时候，就可能变得很严重了。所以，你需要在控制自己新的内在力量的时候，结合适当的训练技术，你将会更快地达到更高的目标，但是你必须运用适当的训练方法，去学会举重中的平衡和协调能力，以免受伤。

竞技型健美

竞技型健美所需要的技术不同于竞技型举重的技术。你在训练时的催眠会话与举重训练时的催眠会话是相似的，你可以运用潜意识编程来提升你的举重能力和训练技巧。然而，健美比赛并不需要你举重，而是需要展示你身体的形态、你的优雅和动作。

先让自己放松，然后进入前面描述过的自我催眠状态，再一次运用积极的暗示来引导自己进入比赛当中的放松状态。

我喜欢比赛。我喜欢站在舞台上做习以为常的事情。快要轮到我的时候，我越来越放松，心智更警觉。我回顾了平常训练时的动作，开始比赛的时候身体很放松。我会从一个姿势平稳地转换到另一个姿势，我很享受展现我的形体，享受台下观众的反应，我为我所取得的成绩感到骄傲。我不会担心其他选手。我会同样欣赏他们的技术，也以能展现自己的能力而高兴。

接下来，如果可以的话，视觉化你的日常训练动作。如果视觉化对你来说比较困难，就告诉自己平常规划好的那些动作。想象你摆出最佳姿势的画面，记住你在日常训练时的身体感觉。想象自己从一个姿势转换到另一个姿势时动作十分自然顺畅。告诉自己这就是你在整个比赛过程当中会做到的，你会非常放松，以最佳的状态完成你的动作。

所有这些努力的成果将会在比赛中非常明显地呈现出来。你不会因为太在意而导致动作阻滞笨拙。你会非常轻松、自然地完成比赛动作，就好像你总是在做的那样，而不会想着得分动作和动作衔接的方式。

你心理上也不会有那种"别人做得有多么好"的破坏性力量。你会欣赏他们的技术，而不是总想着竞争，拿自己的技术与他们的相比较。你对自己所做的事充满信心，这会让你发挥出最好的水平，因为你不会因为他们的动作而感到紧张不安。

如果健美是你主要的运动爱好，你应该再读一下关于跑步的那个章节。正如学会适当放松和平衡的技术对举重很重要一样，你也必须保护自己，以免受到运动损伤。举重可以提升你的外在形象以及身体力量，但也会对你的心血管系统造成持续的压力。一个适当的举重训练计划总是要与能够改善心肺功能的身体运动相结合，它可以是每天跑步或者一次快走几千米。这样的心肺功能训练会让你的身体更健康。

本章重点

1. 我们的身体能够做出比我们意识到的能力更强大的壮举。

2. 我们总是不断地为潜意识编制消极的程序，却不能识别我们身体内已被一次次证实过的真正潜能。

3. 如果你可以改变自己的潜意识编程，你就能够更高效地利用你的肌肉，举起接近你能力极限的重量，这也就意味着你的水平会得到显著的提升。

4. 当你在改变你的潜意识的时候，必须是循序渐进的。

5. 重新设定潜意识的第一步，是学会在比赛时放松自己。

6. 如果你能够视觉化你的技术，那就想象自己举起了更重的重量，你总是非常放松，并享受这个过程。

7. 不要给自己设定一个具体、明确的目标，你需要慢慢地为自己的潜意识重新编程，期待自己稳定进步，而不是突然之间变成一个超人。

8. 健美比赛并不需要你举重，而是需要展示你身体的形态、你的优雅和动作。

9
赛场上的心理战

不管你喜欢哪一项个人运动，当你在比赛的时候，你的对手总会和你玩儿心理战。

这种情况在拳击比赛中尤其常见，就像前文中提到的那样。"世纪之战"似乎每周都会进行一次；每个月都有人是"最伟大的""最强壮的""就像阿里一样""比阿里还厉害"，或其他类似的说法；每年都会出现"白种人的希望""黑种人的希望""黄种人的希望"。这种类型的心理压力是很明显的，前文已经详细论述。还有一些其他的小把戏也会打乱你的精神状态，如果你没有提防的话。

在网球赛场上，我们也经常会看到各种心理战。

你注意过一些职业运动员的小把戏吗？很多年前，这个小花招就是拥有一副特制的球拍，它的造型与传统器材相比不太一样，它的材质可能是金属的，而非木质的。如果当时流行金属球拍，那它就可能用上太空时代的金属了。特别的造型和尺寸会在所有的网球比赛当中给选手制造出一个"优势"，不管他是不是真的比以前打得更好。事实并不重要，这个特制球拍带来的想象才更重要。

　　网球中的另一个小把戏是在发球之前拍球。有些运动员深谙此道，他们会拍球 10~15 分钟，看上去像是在热身，然后突然发球。事实是，当对手在等待他发球的时候，往往会对他不停地拍球感到焦虑，对手会开始专注于那个从地上弹起的球，困惑于这个热身运动什么时候会停止。接着，如果他没有停下来，对手就会出现一定程度的愤怒和紧张的情绪，对手正在等待着一个看似永远不会到来的发球。但当球真正发出来的时候，对手是很紧张的，肾上腺素上升，所以他的反应可能就不是很有效。

　　棒球同样是一个普遍使用心理战的运动。

　　还记得你小时候第一次打球的场景吗？无论男孩还是女孩，只要他们比别人先拥有手套，他们的技能就会得到其他人极大的信任。他们带到沙地或后院比赛的棒球手套使他们成为"专家"。你知道你打球永远不可能像他们那样好，因为他们拥有那种神奇的设备，这是很令人沮丧的。你从没有意识到，你和那个戴着手套的人唯一的差别就在于那个孩子的父母愿意花钱为他买一副手套。

　　随着棒球选手年龄的增长，关于棒球的迷信观念也越来越多。一个投手可能在投球之前先擦擦脸，而击球手可能立刻就紧张起来了，因为他知道棒球上可能已经放上了一些特别的东西，这东西会让球旋转、掉落或发生其他情况。投手的动作营造了一种氛围，让击球手认为即将迎来的是一个做过手脚的球，这让击球手再次紧张起来。这种紧张会削弱击球手的反应能力，他可能完全错过这个球，或者是以一种不受控制的方式击球。这位投球手只是做了一个手势，但这却给了击球手"发生了什么不寻常的事情"的暗示。击球手赋予了投球手本没有的神奇力量。

　　高尔夫球手也常常利用对方的弱点。

你知不知道一个深谙心理策略的高尔夫球手（以下称"心理策略师"）如何对付一个即将推杆的选手？

假设这个球距离球洞只有 8 厘米，这个选手只要轻轻一击就足以让球入洞，赢得先机。

"心理策略师"可能平静地说：

> 我只要 2 杆就能战胜你，你知道的，你在打近距离球的时候总是失误，在第一次打的时候总是会打过球洞。

这是在推杆选手即将挥杆打一个较简单的球的时候说的。于是，这个选手忙着思考过去的失败画面，不管是真实发生过的还是想象出来的，他的专注力下降了，球自然就越过了那个球洞。

如果是一个远距离推杆，"心理策略师"则可能会说：

> 看，这下你打破了不分胜负的局面。即使你想挽回，但没有人可以在两三次之内就把球打进那个洞里。这是整场最难的一次推杆。

事实上，"心理策略师"可能在同样的位置刚打过一个球，而且是一杆进洞，但这对于此刻这个推杆选手来说毫无意义，"心理策略师"的话发挥了作用，推杆选手的专注力下降了。

保龄球运动员有他们自己的心理干扰法。

看到一个人第一局就打了个全中，就会有人说：

> 哦，那太糟糕了。我的意思是，这的确是一个很好的全中。但是你知道，如果你以一个全中开始，通常就会走一个下坡路。我看到过很多选手，打完第一局还留下了五六个球瓶，但是最终得分超过了 200。但如果他们一开始就打出了一个全中……

嗯，这确实是个好球，但我希望自己没有那么幸运。

或者，当一位选手在一场常规比赛当中连续打出了两三次全中，离比赛结束还剩下两三局的时候，他的对手可能会说：

天啊，你肯定会觉得很紧张。你打出一个全中，肯定会自我感觉良好。当你又打出了一个全中，你知道这只是一种侥幸。但是当你第三次打出全中的时候，每个人都在看着你，他们在等着你犯错。你是真的很有压力。我的意思是，你可能打出了你一生中最好的一场比赛，每个人都在看你怎么投球。我很庆幸我不是你，不需要现在去投球。我很高兴我可以像其他人一样坐在后面看着你。

众所周知，通过渲染迷信或恐惧故意给对手制造紧张情绪这种把戏在每一种运动当中都存在。或许根据比赛或运动员的不同，所采用方法各有不同，所说言语也可能有所不同，但最终想达到的目的都是一样的。

想要解决这些问题，应对这种压力，方法就是对潜意识进行重新编程。这也是我用独立的一章专门来讨论这个问题的原因所在，因为你在每一项运动当中都会面临同样的问题，一遍又一遍地重复讨论也没有意义。

应对这种心理战的第一步就是去经历它们。

通常来说，要预测别人会怎么说或怎么做是很困难的，除非你经常观察比赛或积极参与比赛。所以在你知道需要应对什么之前，你可能先要经历一些这样的挫折。

心理战引发的最常见的情绪是愤怒。作为这种愤怒的结果，你可能会体验到恐惧、害怕、沮丧、抑郁或其他情绪的融合，但是最根本的情绪是愤怒。在我描述完了愤怒之后，我会告诉你如何保护自己。

愤怒是你作为一个运动员所能经历到的最危险的情绪之一。你体内的肾上腺素开始飙升，激发了战斗/逃跑反应，但是你知道自己不能从现在的位置移开太多。你是一个无助的受害者，只能看着别人拍球，在投手丘上做着小动作，或者做着其他让你心烦的事情。你很紧张，你忘记了比赛，开始专注于对手的动作。

处理愤怒最简单的方式是让自己做好应对特定场景的准备。例如，在网球场上，你遇到的问题是对手在发球之前总是不停地拍球，那么你可以在比赛之前做一个自我催眠。首先完全地放松，接着给自己以下暗示：

> 我在网球场上面对对手的时候会感到非常放松。不管他怎样通过拍球来拖延比赛，我都会专注地等待他的发球。我会很放松，从对手的站位来预测球的方向。在等待的过程中，我会很放松、很舒服，变得越来越警觉。
>
> 当对手发球以后，我对我的回球能力充满信心，我会自然地跑动到位，如果球在界内，我能够平稳地挥拍。我不会对球的每一次弹跳感到非常紧张，我会发现自己更加警觉、更加放松，甚至能够更好地回球。如果对手并没有拍球，我也会变得很警觉、很放松，能够快速有效地应对。

你也可以通过加强自己的技能来破解心理战。

> 每一次当对手试图用拍球（带一个新球拍或者使用其他任何东西）来干扰我的时候，我会意识到他是对这场比赛没有信心，他很担心我会赢，因为我是他的一个劲敌。每当对手试图干扰我的时候，我就会感到更加自信、更加放松、有更好的控制力。无论对手试图在何时干扰我，我都对比赛保持警觉，我

感觉自己能够发挥得更好。

　　如果对手不干扰我，那么我知道对手也会尊重我的技术。我知道对手不想浪费时间来干扰我，这样的认知让我更加强大、更加放松，让我成为一个更好的运动员。

你要尽量考虑到对手使用心理战的所有可能性。有时候，你碰到的这个对手会经常使用这种把戏；而另一些时候，你的对手会有选择地使用它们，他只对他认为是劲敌的对手使用，对那些没有威胁的对手则不使用。

如果你的潜意识中有大量的消极条件设定——许多运动爱好者的态度基本上是消极的，那么，你就需要为这种潜意识反应做好准备。我们说过有些人可能会对不同的对手使用不同的心理战。当他面对你的时候，可能不会使用任何把戏，因为他感觉你不会回应他。这原本是一种尊重的表现，但是，由于你的消极潜意识编程，你可能会对自己说：

　　我知道为什么他不拍球（或者使用其他你所预期的心理战），他知道我是一个很差劲的选手，知道不用那些把戏就可以打败我。我只是赛场上一个默默无闻的菜鸟，他会轻而易举地打败我。我不知道为什么在一开始的时候会同意和他对战。

事实上，你的对手放弃使用心理战的原因有很多。有可能是他最近的状态不佳；也有可能他已经认定心理战无用，所以放弃使用；甚至有可能是因为他非常迷信，认为当他在第一次发球之前忘记使用这些把戏时，他就输定了：

　　我在第一次发球的时候忘记了先拍球，我是否得分已经不重要了，我只有在第一次发球前拍了球才能赢。所以我还是放弃的好，现在还想去赢得比赛已经不可能了。

比这种情况更糟糕的是你和你的对手都很消极。你因为对手——那个通常会使用心理战去增加胜算的对手——不对你使用这些把戏而认定自己很弱，你的对手则因为忘记了使用那些把戏而认定他自己会输。你们双方都放弃了比赛。你们两个人可能都会打得很差，直到你们当中的一方意外得了 1 分。然后，得分的那个人态度就转变了，他就开始想：

> 我终究不是那么差，我终于还是得分了，我的对手错误地
> 估计了我，我即将赢得这场比赛。

正是因为这些消极想法的存在，所以给那些不选择用心理战的选手积极正面的强化是非常重要的。不管发生了什么事，你都需要保护自己。

前面的案例都是基于网球比赛，但是同样的方法和策略对每一项运动都是有用的。把自己带到自我催眠的状态，给出同样的积极暗示，并根据自己参加的运动和对手的表现来修改这些暗示的内容。

处理言语攻击

言语攻击——就像前文讲到的在高尔夫球场和保龄球赛场上发生的一样——同样可以用自我催眠的方法来处理。一些自我催眠技术掌握得很好的运动员倾向于降低他们听到这些评论的可能性。他们训练自己，让其他人的话语变成他们听不到的背景音。那些负面评论就像浮云一样飘过，不会引起他们的注意。然而，要做到这一点也是相当困难的，也需要一些时间来训练，所以我并不推荐。相反，我认为，应该像对待其他心理战的技巧那样，积极地面对他人的评论。

将自己带入自我催眠状态，开始给自己暗示，以对抗那些消极言语攻击：

当对手开始告诉我我做不到，我会意识到他是在害怕我的能力。他知道我可能会打好这个推杆（依据不同的比赛修改这句话）。当他说出一些让人沮丧的话，我会更加放松，我的注意力会更加集中，我会更加平静并且用心打好每一球。

如果我的对手在我推杆之前没有说什么，我知道，这是因为他认为我能够毫不费力地做到这一点。同样，我会很放松，集中我的注意力，尽我最大能力打好这个推杆。

注意，你并没有暗示说你一定会做到这些。你仍然有可能由于技术水平、不熟悉的运动场地、天气条件的变化及其他的因素而失误，但是，你不应该因为他人制造的紧张氛围而恐慌。

在保龄球之类的比赛当中你可能会有微妙的压力，如果你希望改变这个处境，那么你可以给出这样的暗示：

每当我打球得到一个高分的时候，我会记住我身体的感觉、我站在起点的位置、球沿着球道滚动时我的动作。然后，当我再一次开始打保龄球的时候，我的身体会自然地切换到这个状态。我每次投球时都会比上一次更加轻松、更加自然。不管我连续打了多少次全中或补中，每一个新的球都会让我更加放松、更加专注，我的身体会更自然地做出反应。

如果我没有击倒所有的球瓶，我的身体会修正这个错误。我的技术会一次比一次好。

当我表现好的时候，我会意识到任何令人沮丧的评论都是对我技能的尊重，这些评论会让我更加放松。每次轮到我的时候，我都会更加集中注意力。我会自我感觉良好，并且每次都能够做到最好。

请记住，这些示例都是基于一些最常见的情况。你可以根据自己所参加的运动和遇到的情况对暗示的内容做出修改。这些基本概念对每一种运动项目来说都是一样的。

视觉化

你可以通过视觉化来强化你给自己的暗示。当你在面临对手给你制造的压力时，可以运用本书中提到的技术来克服它。

比如你的运动项目是打保龄球，你就视觉化自己在保龄球馆里。想象自己的分数画面，在前两三格你的分数都像平时一样，之后连续打出了 2 个全中。想象其他选手都意识到了你的好运气，发表了一些让你焦虑的评论。

现在想象你拿起球走向起点，你的身体是放松的，你可以感受到你打出全中时的感觉、身体协调性、眼手协调性。其他人说得越多，你的感觉就越好。你看到自己非常放松，正确地抛出球，打出一个全中。有了这个全中后，你更加放松了。

你看到了分数的改变，新的全中的分数被加上了。然后你看到你的朋友或其他选手依次上场。你知道他们正在开你的玩笑，想增加你的压力，但是你的感觉很好。你继续保持放松、警觉，对自己的能力充满信心，尽你所能打好每一个球。

再一次在脑海中想象你走向起点，你的步伐、抛球的动作、看着球沿着球道平稳滚动，正如你所预期的那样。又是一个全中。没有任何紧张，正确地抛球就是你可以想象到的最自然的体验。

当你不断实践视觉化练习的时候，你可以改变你的视觉化意象。你可能并不会想象每一次都是全中，你可能想象在投完第一球后还有几个球瓶仍然站立着，接着你会在脑海里投出第二球，将剩余的球瓶全部击倒。这仍然是一种积极的意象，但是，现在你要确定，在你的意识或潜意识当中都没有什么能够让你紧张不安。如果你在视觉化之后还是因为没有打出全中而感到不安，那你就应该视觉化其他可能性，去修正第二球存在的小问题。

视觉化的方法也可以在其他的运动或者其他的问题当中运用。

例如，你可以想象自己在网球场上面对一个总是在发球前拍球的对手。你视觉化自己非常放松，没有被这种拖延所干扰。

然后，你视觉化你的对手准备发球了，你的身体变得更加放松，你的头脑更警觉，你的反应能力已经调整到最好的状态。如果可以的话，试着回忆你上一次有效回击一个强有力的或不寻常的发球时的感觉，在脑海中感受你身体的感觉，就像你视觉化你的跑位、准确地挥拍和回球一样。

你可以继续视觉化下面的环节。看着自己立即跑到回球的位置，然后非常舒适而平稳地回球。你可能想要视觉化不断地截击，你的回球令对手总是来回跑动而筋疲力尽；也许你会想象自己让对手错失一球，最终你赢得了比赛。理想情况下，你可以改变视觉化的内容，重要的一点是恰当应对他人的评价。

高尔夫球也一样。视觉化你在比赛中需要打一个推杆，别人说"这球很困难"之类的言论。这一次你感觉自己非常放松，观察这个推杆的特性、地面条件，感受可能影响你的天气变化，然后平静地一击进洞。你将视觉化不同的对手、不同的推杆，还有你曾经去过的不同的高尔夫球场。你总是能够看到，当其他队员不评论你的时候，你也能轻松舒适地处理任何推杆；在他们想要通过谈话或者发表评论来转移你的注意力时，你仍然完全掌控，状态稳定，然后，你不断地推杆。

在每一种运动当中你都可以运用同样的技术，你可以视觉化自己在各种难题中仍然取得成功。根据不同的运动，视觉化的具体需求可能有所不同，但是这里提出的基本概念对所有的运动都是适用的，只要根据自己的需要来修改视觉化的内容就可以了。

关于心理战的逆向思考

现在我已经知道如何应付对手的心理战了，那为什么我不可以对他们使用心理战呢？

琼问道，她是政府办公室的一名主管，也是一个狂热的网球爱好者。

我认清了那些曾经让我感到困扰的心理战术。我已经学会了通过自我催眠让它们无法干扰到我。但是我知道，我的对手们并没有认真对待这种自我催眠，他们也没有学过我这种控制自我和保持自信的方法。所以，为什么我不反其道而行之呢？我可以用这些小技巧去干扰对手吗？

很多找我做催眠的客户都提起过这个问题，这是值得思考的。

你一直都知道，你对对手说的话和做的动作都会影响他的比赛表现。就像你连续两次打出全中之后，你的对手说了些贬低你的话语而令你感到焦躁不安一样，如果你向你的对手说同样的话，他也会感到不安；如果你曾经被一个在发球前不停地拍球的网球选手弄得很紧张，那你这样拍球时对手也会紧张。不管你是参加拳击、武术、举重、高尔夫、棒球、篮球，还是其他任何运动，情况都是如此。

问题是你个人反对这种行为，你感觉它们是有害的，你已经用自我催眠化解了它们潜在的危害。

因此，我认为用这些技巧去干扰对手是不妥的，更糟糕的是，你可能把它们当作一种获胜的法宝。就像你通过不回应那些想要对你使用心理战的对手而让他们感到不安一样，当你在试图用这些技巧但又没有取得效果的时候，你可能也会紧张不安。你可能会觉得这个人比你厉害得多，知道的心理战技巧比你还多，在你对他运用这些技巧但他没有回应的时候，你就会觉得他将彻底打败你。

　　我认为，你应该将注意力聚焦在积极的行动上，为你的潜意识重新编程，然后享受没有任何阴谋诡计的纯粹的运动。你会成为一个更好的运动员，心理上为可能会发生的任何事情做好准备，你会为自己取得的成绩感到更加骄傲。

本章重点

　　1. 不管你喜欢哪一项个人运动，当你在比赛的时候，你的对手总会和你玩儿心理战。

　　2. 根据比赛或运动员的不同，心理战的方法各有不同，所说言语也有所不同，但最终的目的就是故意给对手制造紧张情绪。

　　3. 应对心理战的第一步就是去经历它们。

　　4. 心理战引发的最常见的情绪是愤怒，这也是作为一个运动员所能经历到的最危险的情绪之一。

　　5. 处理愤怒最简单的方式是利用自我催眠让自己做好应对特定场景的准备。

6. 那些自我催眠技术掌握得很好的运动员会降低他们听到言语攻击的可能性。他们训练自己,让言语攻击变成他们听不到的背景音。那些负面评论就像浮云一样飘过,而不会引起他们的注意。

　　7. 你可以通过视觉化来强化你给自己的暗示。当你在面临对手给你制造的压力时,可以运用自我催眠技术来克服它。

　　8. 你应该将注意力聚焦在积极的行动上,为你的潜意识重新编程,然后享受没有任何阴谋诡计的纯粹的运动。你会成为一个更好的运动员,你会为自己取得的成绩感到更加骄傲。

10
团队运动

与个人运动相比，团队运动会呈现出不同的挑战。你不仅需要考虑你个人的表现，还要关注与你队友的互动。

我记得有一位高中篮球教练，他因为有很多学生在学业上和个人运动领域都取得出色成绩而闻名。他团队里的每一个球员都非常渴望成功，但都只是为了个人的成功而努力。"个人必须成为一个赢家"的想法在他们心中根深蒂固，以至于他们与人互动合作的能力非常有限。这个教练说：

> 我有 5 个全市最好的篮球运动员，现在，如果我可以说服他们其中至少 3 个一起参加一场比赛，我们就可以赢得比赛的胜利。

如果你是其中的一个运动员，这对你来说意味着什么？

这意味着你必须为 3 个不同的目标重新设定你的潜意识。

第一，提高你的技能，无论你在这一项团体运动当中处于什么位置。

第二，提升你和队友连接互动的能力。

第三，培养你的团队意识，你的行为就是为了让团队更加高效，而不是提升你自己的明星队员形象。

以橄榄球为例。假设你希望成为一个四分卫，你需要培养在极端压力下工作的能力；你需要理解这个比赛，知道其他的球员在什么位置；当对方球队的 11 名球员都试图将你压到地上的时候，你要保持放松，要能快速精准地传球；当所有的努力都失败，你不得不倒在地面的时候，你要能够跑动起来。这些技能对你来说都是独特的，需要举重、短跑、长跑、传球等方面的练习。

接下来，作为一个四分卫，你需要能精确地将球传到任何地点。这就意味着你不仅要锻炼自己传球的力量，还要与接球手配合，而接球手有可能跑到不同位置、不同角度，甚至频繁并出乎意料地转变方位，因为他需要躲开对方的防守球员。你必须精准地抛球，以便无论接球手跑多远都能够接到球。

最后，作为一个四分卫，你必须学会与整个团队合作。会有进攻线锋给你打掩护，让接球手跑动等；有的时候他们可能招架不住，那你就必须跑起来；有的时候传球给别人会让你失去一些荣耀，但是可能会让球到达场内更有利的位置，这样球队才能赢。因此，在你可以通过改变你的模式帮助球队赢得胜利的时候，你必须放心地让同伴来为你做掩护，还要愿意牺牲你的个人荣耀。

同样的情况适用于每一项运动——篮球、棒球、足球、曲棍球等。即使是网球双打也存在团队合作的问题，比如你需要与你的搭档协商好你们的策略，这样每个人都可以发挥出最强的实力做好防守。通常，一个反手球比较弱的选手会与一个反手球比较强的搭档合作，来掩护彼此的反手球。

教练也面临同样的问题。教练必须试着让每一个运动员发挥他的能力，然后让技术娴熟的个人拥有高效的团队协作能力。教练的另一个重要的关注点会在本书后面的内容中单独讨论。除此之外，在适当的时候，结合特定的情形，我会为教练和训练员给出特别的暗示。

掌握团队运动的战术规则

每种团队运动都有必须学会的玩法规则和必须事先制定好的战略战术，这给比赛增加了一个除身体技能之外的新维度。你不仅要在脑海中记住大量的动作，还要能够根据要求执行，这些动作要在你专注于防守、抢断、跑动等环节中自动进行，而且你的记忆能力可能会因你的紧张和你面对的团队责任而改变。

为了记住这些战术规则，你需要做的是，将你的战术手册带回家，找一个能让你放松的地方，把自己带入第二章所描述的自我催眠状态，接着给自己一些暗示，去记住这些战术规则。

当我读这本战术手册的时候，我非常放松。我能够学会这些战术，学得又快又轻松。每次我学习这些战术的时候，它们都深深地印在我的脑海里，变得根深蒂固。每次我研究这些战术的时候，我会比以前更加专注，将它们印在我的脑海中。

或者用其他类似的暗示来帮助你记忆。

现在暗示你会如何应对这些训练和比赛。

在训练时，我们尝试了一种战术，我的心智将会自动提醒我该怎么做。我不必去思考制定好的战术，我会专注于自己在团队中的角色、位置，还有我要做的跑动。我将不断地觉察对手的行动，能够在不需要刻意思考战术的情况下，尽我最大的能力灵活机动地应对。

当我在场上比赛的时候，我会非常放松，我享受这个过程，专注于我在场上的位置和应该做的动作。我会尽自己所能，四分卫给出的信号会成为我潜意识的一部分，这样我就不必刻意去担心他们。我会履行自己的职责，时刻觉察对手的动向，并且根据相应的战术自动做出反应。

你不可能那么容易地运用视觉化技术来掌握战术，因为防守团队的反应是千变万化的。然而，你可以在脑海中设想一些不同的比赛场景，或试着去记忆你在观看别人比赛时看到的战术，这有助于你节省反应时间。

如果你是教练，你可以做些什么

如果你是教练，你可以在训练开始之前，通过引导队员们进行一次自我催眠来帮助你的团队更快地学会你们定好的战术。你可能没有能力像专业催眠师那样去使用真正的催眠技术，除非你经历过额外的专业催眠师的模压训练，或者让你团队的成员都学会第二章的自我催眠技术。不过，你可以用第二章中的一些知识来帮助你的团队放松。

首先让你的队员们都躺下来，最好是躺在体操垫或摔跤垫上。让他们仰卧躺好，闭上眼睛，最好是选择在体育馆中安静的地方。

在第二章中提到的半舒适位置是最理想的，否则有一些队员可能会睡着，当然，也不一定总是发生。一些教练会让队员们将一些运动服卷起来放在头下面，这样队员们的头就会比脚高至少 30厘米。也可以让队员们脱掉鞋子和袜子，这样空气可以在他们的脚周围循环流通。

现在开始对团队成员说话，就像你在做自我催眠练习时那样。

让队员们将双手放在大腿上，闭上眼睛，思绪漂浮在整个身体上。

你开始感觉到一种麻刺感、放松感在你的手上流动。放松，放松你的手，让自己感受到这种麻刺感。你的手被这种麻刺感包裹着，双手变得更加放松，你感受到它们是多么的舒服。你的手完全地放松了。

现在这种麻刺感从你的手上慢慢地移到你的大腿上，你可以感觉到你的大腿上有这种麻刺感。现在它向下通过你的膝盖，进入你的小腿……它缓慢而舒适地移动着，让这种麻刺感以它自己的节奏蔓延到你全身。你非常地放松，总是很放松。

这种感觉向下进入你的脚踝、双脚，一直到你的脚趾。你的脚完全放松下来。

现在，将注意力集中在你脚尖的放松感觉上，你可以感觉到它通过你的脚尖，然后向下移动到你的脚后跟。这种放松的感觉穿过你的脚后跟，蔓延到你的脚踝，穿过你的小腿，一直到你的膝盖。你可以感觉到这种放松感穿过你的大腿，经过你的臀部，向上一直到你的腰部。你可以感觉到你的整个下半身现在都非常地放松、非常地舒服，非常地放松、非常地舒服。

现在把注意力集中在你的腹部肌肉上，你感觉它们非常地放松。感觉你的腹部肌肉变得非常松软、非常无力、完全地放松。你继续把注意力集中在胸部的这种放松感觉上，当你放松下来的时候，开始觉察你的呼吸。

现在我希望你对自己说"自信"这个词。注意，你感觉到自己不仅非常放松，而且很自信。说出这个词，你感到很开心，你相信自己的能力。你对发挥好自己在比赛当中的作用很有信心。你对与团队成功合作很有信心。你感到非常有信心。

用嘴深吸一口气，说出"自信"这个词，体会"自信"这个词，然后用鼻子慢慢地呼气；吸气，说"自信"，再呼气；吸气，说"自信"，然后再呼气。

现在，集中注意力于放松的手臂，这种放松的感觉向上进入你的背部，蔓延到你的整个背部。随着你的放松，你会感觉到背部更沉重地压在垫子上。这种放松是一种非常美妙的感觉，你可以感觉到这种放松感向上移动到你的肩膀。

你的肩膀会变得非常无力和松软，你会感觉到自己像个布娃娃，非常放松。

将注意力集中在这种放松的感觉上，你注意到这种感觉从你的肩膀到达颈部，放松你颈部所有的肌肉，放松每一根神经、每一条纤维、每一个组织。你现在完完全全地放松了。你关注到这种放松的感觉移动到头部，你感觉整个头部都非常地放松。

你注意到这种放松的感觉穿过你的头部，你放松了所有的面部肌肉、下颌肌肉，你允许嘴巴微微张开。你感觉到嘴唇有点干，甚至可能想要吞咽。这都非常正常、非常自然。

你关注到这种放松的感觉向上进入眼皮，眼球在眼皮下有一种向上翻动的趋势。你非常地放松，当你有了这种感觉，对自己说："深沉地催眠性睡着。"当你感觉到这种感觉，对自己说："深沉地催眠性睡着！深沉地催眠性睡着！深沉地催眠性睡着！"

继续专注于这种放松感，它向上进入头皮。你可以感觉你的额头非常地放松，让你的血液循环更自由，离你的皮肤更近。

自然地、深沉地呼吸，随着你每次呼气，你都感觉非常放松。

现在，你进入了更深的放松状态，更深，更深。随着你每次吸气，你都在这种放松中获得巨大的快乐。当你呼气的时候，你就完全放松，进入越来越深的催眠状态，享受当下的每一刻。

当你进入越来越深的催眠状态时，你享受当下的每一秒钟。

你开始感觉到这种内在的平和、内心的平静，你很喜欢这种感觉。你将会让这种内心的平静长存于你的日常生活中，长存于你在学校里、家庭里、运动场上时，以及你和朋友们相处时等任何时候。这种内心的平静将成为你生活的一部分。

现在对自己重复这个关键词——麻刺感，还记得这种遍及全身的麻刺感帮助你放松吗？"自信"，记得当你在放松的时候，这种自信的感觉有多好吗？"深沉地催眠性睡着"，还记得当你说这些关键词的时候是多么平静、多么平和吗？"麻刺感""自信""深沉地催眠性睡着""麻刺感""自信""深沉地催眠性睡着"，每次对自己说这些关键词的时候，你都会深深地、完全地进入催眠状态。每一次你都会比上一次进入得更深。"麻刺感""自信""深沉地催眠性睡着"。

现在想象自己站在一个楼梯的顶端，看着下面的 20 级阶梯。从 20 倒数到 0，每一个数字都代表着你向下走一步，每一步都带你进入到更深的放松状态、更深的自我催眠状态。

现在开始走下这些台阶。20，19，18，17，16，15，14，走得更深，越来越深；13，12，11，10，9，8，走得更深，越来越深；7，6，5，4，3，2，1，现在，更深地睡着，走得更深，越来越深。

注意你是如何学会控制这种自我催眠状态的。你开始感觉到你比大多数运动员有更明显的优势。你能够进入自己的潜意识，它是在心智当中最强有力的部分。你可以感觉到你将成为自己想要成为的样子。作为一个运动员，你可以取得成功，不管你参赛的频率如何，你都会成为团队当中重要的组成部分。

你也可以暗示自己，你只会接受一些积极的思想和观念，这些思想和观念对身为运动员的你在学校或在个人生活中的幸福感的提升和自我提升都是有益的。你有能力拒绝任何人给出的消极思想、观念、暗示或推论，你对自己的身体和心智有了更好的控制。

每当你遇到一种曾经让你感觉到紧张、不安、心烦、恐惧的情况，你会发现，现在的你变得更加放松、更加平静、更加自信、更有把握了。你比过去拥有更强的处理好这种情况的能力。你能够做出更好的反应，不管你是在赛场上、家庭中、学校里，还是和朋友们一起的时候。

过一会儿，你将会唤醒自己。你会从0数到5，当你数到5的时候，你会睁开眼睛，完完全全清醒过来。你会感觉到身体上非常放松，情绪上非常平静、非常平和、非常开心，精神上非常敏锐、非常警觉，思维清晰。每一次当你将自己带入催眠状态，都会强化你的这种条件反射。

0，1，2，慢慢地、轻轻地走出来；3，感觉更加神清气爽、更加放松，感觉你好像睡了好几个小时；4，"4"是一个令你非常警觉的数字，你开始感觉到你的呼吸在变化，你的眼睛动起来了，几乎就要清醒过来；5，完全清醒。对自己说，完全清醒，完全清醒。

你已经完成了第一次带领团队进入潜意识之旅的向导工作，这将会帮助队员们放松并习惯进入这种学习接受性最高的催眠状态。你应该和队员们一起重复这样的练习2~3次，然后你可以开始增加对团队的暗示。

在帮助团队完成唤醒程序之前，加入与学习战术有关的暗示，大意如下：

在我们谈及战术的时候，你会非常容易集中注意力。你会发现这些战术都成了你潜意识的一部分。每次研究它们，你都会更容易接受；当你在训练或比赛时听到它们的时候，你的身体会自动、准确地做出反应。你将能够专注于自己的位置，时刻关注其他队员，你比以前更加自然、更加愉悦地享受比赛。你不需要刻意思考就能够自如使用你所学到的这些战术。

当然，你可以根据你的团队与运动项目来修改这些暗示的内容，这里只是给你一个暗示的范例。

你也可以更改你的暗示内容来修正团队的弱点。

例如，一个篮球教练运用这种技术来帮助他的队员学会不同的进攻和防守的方法。然后，他发现队员们总是想成为个人明星，而不是彼此合作。他与团队成员讨论了这个情况，但是球员们的个人英雄主义都太强烈了，无法很好地互相配合。最后，他决定尝试用催眠技术来提升他们的比赛成绩。

他将队员们带入刚才所描述的催眠状态，并且给出了类似于以下内容的暗示：

当你在比赛的时候，你会持续地关注到其他队友。你会注意到他们的站位，或者是跑动情况。当有得分的机会时，你会想到最好的得分方法。你会传球，准备好抢篮板，或者是自己投篮，你总是会选择令球队有最大获胜概率的动作。你的目标是与队员合作以确保团队有更多获胜的机会。你不会担忧个人的分数，而是更关注团队整体的得分。

显然，你可以使用各种各样的暗示。最重要的是，暗示应该是积极的，并且帮助队员克服团队的弱点。同样的，个人的弱点也可以用本书中的方法来修正。

关于个人训练

理解团队制定的战术是很重要的，因为你对这项运动思考得越少，你就有可能打得越好。

有很多关于团体运动伤害的调查研究，这些研究涉及足球、棒球、曲棍球和其他的一些运动项目。它们都是很安全、很有乐趣的运动，但只要这些运动项目需要一些技术和身体动作，参与者就会有受伤的风险。其中一个问题是，孩子应该从小就开始运动，还是出于对受伤风险的考虑，应该等他们长大一些再参与运动？

第一项发现是，团体运动应该适应成长模式的变化。假设你喜欢打棒球，可能从你还是个小孩子的时候就开始打棒球，你可能参加了青少年棒球比赛，或者你经常与同社区的朋友一起打棒球。如果你从小就开始参加这项运动，可能还记得这项运动的某些方面比其他方面更容易做到。比如你可能认为接球、守场、击球都比投球容易些，而如果你尝试投球，则很容易因为年龄小而导致肘部受伤。

出现这种情况的原因，是你的身体成长模式让一些行为变得有风险，这些行为对于完全发育成熟的人来说没有任何伤害，但是对一个孩子来说就很困难，甚至是危险的。比如说投球，你应该在骨骼发育完成以后再做，通常是在你达到成年人的标准身高之后的 1 年或者更久。然而，其他的技能可以从你很小的时候就开始学习掌握。

你可能认为橄榄球是一项应该在身体充分发育之后才开始的运动，因为有身体接触。然而，孩子们的体重都比较轻，个头儿也差不多，所以这项运动对于年少的孩子来说是没有限制的（当然必须戴保护装备）。橄榄球传球也不会像棒球的投球一样影响孩子的骨骼结构，因为这两个动作是完全不同的。

足球也是一样的。足球是一项会对膝盖造成极大压力的运动。如果从小就学习这项运动的话，会更容易掌握。

这对你来说意味着什么？

为了取得比赛胜利，你需要掌握的训练技术在一定程度上取决于你是从多大年纪开始学会你喜欢的这项运动的。理想的情况是，你至少要上高中之后再正式学习棒球的投球。如果你在孩提时代就学会了足球、橄榄球和其他类似的运动，你将会在这些运动中获得最大的成功。但是，不管你是从何时开始学习一项运动的，身体训练与适当的潜意识编程结合在一起，可以确保一个新手运动员拥有和打了好几年比赛的运动员一样的成功潜质。

你的训练应该是个性化的，且符合运动项目的需要。

橄榄球运动员需要速度、力量和耐力，对他们来说，举重和跑步是他们自己可以完成的理想训练。如果你需要训练这些项目，就回到本书相应的章节，那里有具体的操作方法。记住，你在这几个方面训练得越好，在球场上的潜力就越大。

对于足球来说，最主要的训练是跑步。记住，我是将训练的必要性与运动的技巧分开讨论的。大多数运动需要耐力，在某些情况下还需要力量。当然，你参与的能让你身体更强壮的运动越多，比如使用鹦鹉螺机和类似的训练器械，或举重，你的身体素质就会越好。在心血管运动（例如有氧运动和跑步）中，你会发现最大的价值。问题是这些并不是你主要的兴趣点，你只会在特别需要的时候才会去做。但是如果你有一套独立于你所喜爱的运动之外的训练项目，你就能更好地提升自己的运动能力。

回顾跑步和举重那两章，再次阅读它们，并考虑将它们作为你训练流程中的一部分。

如果你还在上学，你不仅应该步行上下学，还应该走一些迂回路线，每天走两三千米作为训练。这种走路应该是非常放松的，但是速度要非常快。

如果你工作了，那就试着把车停在离工作地点几个街区的地方。一些人还发现，如果他们的办公室在高层的话，爬楼梯也是一个好办法。经常快速地爬楼梯是一个很好的训练方式，即使你的工作可能是久坐不动的。

你可以通过自我催眠来强化这种训练，诚然，这是你在做运动准备时的一个潜在的、无聊枯燥的环节。当你放松下来，并且进入第二章中所提到的自我催眠状态之后，给出以下暗示：

> 我很喜欢为 _____（说出你的运动名称）做热身准备。当我每天花费时间锻炼身体时，我感觉更好。当我跑步（做有氧运动等）的时候，我感觉自己更加强壮、更加警觉，对身体有更好的控制。我知道每次参加锻炼来强化我的心血管系统的时候，我都会成为一个更好的运动员及更好的团队成员。

一些运动员可以用来做这种健身活动的时间非常有限。如果你有一个固定的时间去跑步或做类似的运动，你可以利用这个时间来调整你的精神状态。

> 每天早晨，当我出去跑步的时候，我感觉非常清醒、更加警觉，我能够更好地开始这新的一天。我醒来以后就期待着去锻炼。如果特别累，我知道在完成训练之后会感觉更好。如果我头脑警觉，急着想去工作，我知道在锻炼之后会感觉更好，我会更加有控制感，我的身体将充满更强的能量。

如果你在下班后或放学之后再去锻炼，可以对自己说：

跑步的时候我非常放松，自我感觉更好。所有的疲劳似乎都从我的肩膀上消失了。我感觉很开心，能够放下生活当中所有的烦心事，能够更好地享受这个夜晚，我会因为跑步而更加警觉、更加开心。如果我现在很紧张，跑完后我的压力就会减轻。如果我现在情绪低落，跑完后我的情绪会马上高涨起来。

当然，你可以改变你的暗示内容。唯一重要的是，你的暗示应该是积极的，否则就会成为一个很有负担的选择。

团队的基础训练

团队训练是发现你自身劣势、优势以及你需要关注的互动问题的最好时机。

你是那种想要成为明星的队员吗？

你是一直找机会让自己得分，还是你总能觉察到身边的队员，通过配合创造得分的机会，并试着与他人合作来完成共同的目标？

根据来找我寻求帮助的那些运动员的情况，在基础训练时，可能会出现以下几个问题：

第一个问题是炫耀卖弄。

你想要证明自己有多优秀，所以总是尝试着表现自己。然而在团队运动中，真正优秀的个人是那些不只想着自己，更想着团队共同目标的人。

第二个问题是恐惧与混乱。

有许多人在运动场上跑来跑去，到处都有噪声和混乱，一些人来回跑动会让你的视线模糊不清。更糟糕的是，在橄榄球这样的运动中，可能还有人想要撞倒你，在这种情况下，你会被激发自然的反应——战斗／逃跑反应。在这种情况下，恐惧就会产生，这是完全正常的。这个问题很少被提及，但是可能会影响你的表现。这种混乱也会导致你更加难以将注意力集中在接球、阻截和得分上，或者其他具体的运动中应该做的事情上。

第三个问题是缺乏耐力。

运动时的兴奋可能会影响到你的呼吸和你的肌肉控制。这种紧张感会让你很容易疲劳、拉伤肌肉，或者无法全力以赴地完成你的身体训练。

第四个问题是在有压力的情况下无法正常发挥。

你的动作应该是很自然地做到的。当你不得不去进行广泛思考的时候，你的动作就可能会有一段时间的卡壳，并忘记自己正在做什么，这就让你的反应变慢了。

克服以上问题的方法很简单。首先，确认你存在的问题。然后，将自己带入自我催眠状态，并且给出以下暗示。

1. 克服炫耀卖弄的问题

当我在赛场上的时候，我的关注点就是帮助我的团队得分。我会对每位队友取得的成功都感到非常骄傲。我会发现自己在与他人合作得分的时候最开心。如果我传球给别人（或者其他恰当的做法），我们队就能够轻易得分，我却执意自己去得分，我会感到不舒服。

当然，对于这些问题，你可以根据自己的需要来调整暗示的内容。重要的是，所有暗示都必须是积极的，并且强调团队合作重于个人荣耀。如果你改变自己的潜意识，让你的个人荣誉感来源于团队的成功，而不是你自己做到了什么，你就会变得更加成功。

视觉化技术

想象一个这样的场景：你自己可能会得分，但是若与你的队友合作，你们会有更好的得分机会。

例如，你在篮球场上，离篮筐很远，你可能投不进。球在你手上，观众在欢呼，你想要跳投。你知道，你曾经在练习时以同样的距离成功地进过球，但是你也知道，你投不进的可能性比投进的可能性更大。

就在此刻，你环视四周，突然发现一个队友站在一个更有利于投篮的位置。你知道你可以将球传过去，所以你就这么做了。你的队友来了一个完美的上篮，你的团队得分了。你帮助你的球队赢得了 2 分，你自我感觉更好了。

你也可以用其他视觉化的技巧，尽管它们都是很相似的。不管你参与什么运动，你总是在一个可以得分的位置，但总有另一名队友在一个更好的位置上。你让队友得分，结果是你的自我感觉更好了。

2. 战胜恐惧和混乱

对于恐惧，你可以给出以下暗示：

我是一名训练有素的运动员，状态很好，至少和其他队员一样好。我了解这个比赛，也知道每个人都会尽全力做到最好。

每当我想到训练时，我就非常地放松、开心，期待上场和我的队友们在一起。当我走进运动场的时候，我越来越喜欢参与其中。我非常放松，能够控制好自己，面对即将开始的比赛，还有那些到处跑动的人，我感到非常舒服。

橄榄球（足球、篮球、曲棍球等）运动是非常令人愉悦的。当我想到这个比赛的时候，甚至当我在赛场上的时候，我都会非常开心和放松。我很相信自己的能力，并且对比赛的感觉很好。

视觉化技术

想象自己正在让你感到恐惧的场景中运动，在你变得紧张或害怕之前开始视觉化。想象你自己非常放松，在场上情况发生变化，或者进入一个以前会让你感到很不自在的混乱场景时，你也会感到很开心。接着把自己带到那个经历当中，想象自己非常地放松、开心，能够很好地控制自己。

如果你害怕失去控制，比如在橄榄球运动场上被抢断，就将自己带到那样的场景下。可能你正在带球，看到对方球员向你扑来，你不再紧张，而是非常放松，并且为试图闪躲对手的挑战而感到很高兴。你四处跑动和躲闪，但都无济于事，最后你被带倒了，当你感到对方的手碰到你的身体时，你很放松。你摔倒了，在地上滚了一圈，又毫发无伤地站了起来。你可能不希望被抢断，但是你会轻松愉快地站起来，因为你知道这是比赛的一部分，而且你已经尽了全力闪避。所有这些都不是什么严重的问题，你知道下一次你在被抢断之前可以带球向前推进更多。

显然，你需要根据自己的运动项目来改变视觉化的内容，当你这样做的时候，会发现自己在强化那些积极的语言暗示。

赛场上的混乱和恐惧有些不同。你感到混乱是因为你看到很多人向你跑来想扑倒你。你需要更好地将注意力集中在你周围的重要球员及你在团队中的角色上，暗示自己：

当我上场的时候，我发现我的注意力越来越集中到我要扮演的角色上。在我周围的形势不断变化时，我不断觉察到自己在做什么、应该去哪里。其他球员似乎变得无足轻重，就像浮云一样模糊。我只专注于那些对我来说重要的球员。无论我怎么跑动，我只关注团队的目标以及那些能够帮助我实现这个目标的队员。

对于橄榄球这样的运动，你还要加上这样的暗示：

当我拿到球时，我只会注意那些试图拦截我的球员，当他们离我足够近时，我才会采取闪避动作。我会带球一路向前，不会担心场上的其他人。我对自己的速度和技巧感到满意，我在跑动的时候很放松，我知道我的队友们都在掩护我。当我在混乱中穿行时，我感觉到非常开心，我知道那些都干扰不到我。只有当我有被拦截的威胁时，我才会对周围试图阻挡我的人保持警惕，然后避开危险。

像篮球这样的运动也可能出现混乱，不仅仅是因为球员在球场上的跑动，还因为球的运行方向可能会被阻挡，对手可能在你前面上下跳跃，或者在你的面前挥舞手臂。同样，你需要根据这些情况来修改你的暗示内容：

当我拿到球的时候会非常地放松。对手挥舞手臂试图封锁我，但这并不会给我带来困扰。我会非常地放松，并且随时注意我的队友和篮筐，我会注意对手的动作，在他们放松警惕的一刹那，我就可以采取行动。我将会很舒服地传球给另一名队友，我也能够很轻松地做假动作。我能控制局面，这让我的对手非常沮丧。我会保持冷静、放松，做到所有能取得有效得分的必要行动。

解决混乱问题的视觉化技术与你在比赛当中感到恐惧时所用的方法是相似的。你想象自己在做那个动作时身体非常地放松和平静，你做出的动作和你预期的一致，不管身边有什么样的令你不安的混乱。

3. 克服缺乏耐力的问题

当你在场上时，你应该拥有持久的耐力。你遇到的缺乏耐力的问题源于你的紧张和焦虑，这就是你需要克服的。你可以通过本章所提到的训练流程来提升自己的耐力。

> 当我来到赛场上时，我会非常地放松。我能感觉到我的呼吸很放松、很舒适。我的身体非常放松，肌肉也非常放松。我很满意我的身体、我的感觉，以及比赛带来的兴奋感。
>
> 当我开始比赛时，我仍然非常放松。我的身体自如地行动。我会跑、跳，或者做任何需要做的动作。我总是很放松，总是很高兴，我的肌肉收放自如。我在比赛的时候非常舒服，呼吸非常平稳、非常均匀，一切尽在掌握中。

视觉化技术

想象你在赛场上非常地放松。想象你曾经感觉很累的那些场景，想象你在比赛的时候更放松，呼吸更轻松。想象你自然、轻松地呼吸，即使是在跑步或者在躲避你的对手之后。

4. 对抗压力

对自己暗示：

当我在比赛时，我感到非常放松、开心，很高兴自己是团队的一员。我的身体感觉很好。我记得曾经接受过的训练，记得完成了的训练。我知道我是一个优秀的团队运动员，有能力为团队尽自己的一份力。这样的认知让我很放松，也让我很开心。我能够自如地在场上跑动，很容易记住自己的角色。当对方队员向我进攻时，我感到很自如，我会灵活改变我的战术。得分的压力越大我就越放松，越能够自如地跑动，享受这个比赛。比赛的时间越长，比分咬得越紧，我越会因为这种挑战而高兴。我非常地放松，自然地跑动，每次都尽我的全力。

视觉化技术

想象你在自己曾经经历过的有巨大压力的比赛场景中，你感到很放松，享受自己出色的表现。你会自如地跑动，如果你记得跑动时的身体和肌肉的感觉，你会在视觉化的过程中回忆起这些。你可以想象自己一直保持着自信和能力。

为比赛做准备

比赛本身会带来压力，但是大多数压力都与你在训练时的压力很相似。所以，你在训练过程中所学到那些技术也会在赛场上发挥作用。唯一的区别是，你的暗示应该包括你将要面对的团队的名称，而且如果有可能的话，你的视觉化内容里需要加上那些队员和他们的队服。如果你不知道对手会穿什么队服，那就在暗示中只用他们的队名，想象一个大致的对抗场景。

如果有一个明星球员在过去的比赛中总是控制全场，并且限制你的发挥，那你也可以使用视觉化技术，这会帮助你增加对抗他们的信心。当然，你也可以视觉化其他人站在明星的位置上与你对战，通过这种方式，你的潜意识就会为任何场景做好编程。这一点很重要，否则，如果这位明星球员受伤或者由于某些原因退出了比赛，那个替补球员的出现就可能会让你失去勇气。

唯一不会在练习赛中出现而会在比赛中出现的问题是，由于对赛事重要性的感知而产生的压力。参加的比赛越多，你越容易发现，很少有教练或球迷将两队的对抗只看作一场比赛。它可能是"世纪之战"，可能是"两所学校之间最激烈的竞争"，也可能是"泰斗之战"，或者是"本赛季最重要的比赛"，它可以是任何震慑人心的头衔。

压力随着比赛而来。你感觉自己必须采取不同的行动才行。运动场上的这次比赛，莫名其妙地被转化为一场影响你的学校、社区、州、国家甚至更大范围的历史性事件。更重要的是，当你听到这些描述时，你很有可能会进入一种"相信这一切都是真的"的情绪状态。

事实上，你即将参加的只是一场比赛而已。世界的命运不会取决于这次比赛的成绩，未来的后辈也不会记得谁打过这场比赛，他们的得分如何。这种短暂的疯狂很快就会消散，比赛终究只是一场比赛。

了解现实和有能力妥善地应对现实并不是一回事。

高中会有赛前动员会；你可能被提前安排到一场比赛当中：在比赛中啦啦队会欢呼，每个人都会唱支持不同学校的歌曲，或者是喊出胜利的口号，这就为你增添了压力。体育场或者篮球场上可能会有啦啦队队员，可能你的朋友、父母、老师或者其他人都会来支持你赢得比赛。

接下来还有教练在更衣室的谈话，这场比赛就瞬间演变成了一场只有超人才能够赢得最终胜利的壮观事件。失败了就等于面对一场难以想象的危机，或许在赛前你就有这种感觉。

克服紧张焦虑的最佳时间是在比赛之前。运动应该是充满乐趣的，宇宙的命运并不取决于你如何投球、你的最终得分或者任何与运动相关的事情。因此，无论外在的力量如何影响你的情绪，你都要组织好自己的暗示内容，让你的潜意识能够正确地看待比赛。

将自己带入自我催眠状态，然后这样暗示自己：

当我开始比赛的时候，我感到非常放松和开心。我享受面对另一支队伍的这种挑战。我知道我将发挥我最好的能力并且以此为傲。赢得比赛对我来说并不十分重要，输了比赛也不会让我担忧。我会尽我自己最大的努力，并且享受比赛的过程。我会非常地放松，不在乎比分如何。我将会与我的队友一起努力，尽我们所能做到最好。无论结果如何，我都会感到自豪。

当比赛临近的时候，你可以使用一个类似的暗示，这一次你需要说出对战团队的名称以及比赛的具体日期。你还可以加上一些具体的暗示来应对观众的反应，如果观众的反应经常会很强烈且会让你不安的话。

当我们与 _____（对战团队的名称）打比赛的时候，我会听到观众的声音，他们的叫喊或者欢呼都好像是浮云一样飘过我的头脑。我不会关心他们说了什么，我会很高兴，因为他们因比赛而兴奋。我会因为我作为团队中的一员给他们带来了娱乐而感到很骄傲。如果他们看起来很生气，我知道，那是因为他们沉浸在我们的对抗中。但是，我会首先专注于比赛。我会认识到这是很令人愉悦的；认识到作为一个团队成员，我尽了自己最大的努力。不管结果如何，我都为最终的成绩而骄傲。

给教练的一些建议

传统的教练模式通常包括试图"点燃"你的队员，你希望他们都在意比赛。如果你是一个职业教练，那么你的合同是否续约，或者你的薪酬高低，都很有可能取决于球队的胜负比率。因此，你总是遵循着传统的方式，通过更衣室谈话鼓舞士气，强调每场比赛的重要性。

现实情况是，高压教练模式往往会引发队员的自我挫败感。一个高水平的教练可以真正地激励一支团队转败为胜。不幸的是，这支被激励得劲头十足的球队可能遇到一支比他们更优秀、同样被激励的强队，在这种情况下，除非你的球队异常幸运，否则会输掉比赛。虽然说情绪和态度对于赢得比赛非常重要，但是天赋、运气和其他不可控的因素也同样会影响比赛。

如果一支受到激励的团队输掉了一场比赛，可能会出现始料未及的后果。团队成员可能会非常沮丧和气馁，他们可能质疑自己的能力以及你对他们的信任。当然，理想情况下，这种沮丧只会持续短暂的一段时间，紧接着就是重新坚定赢得下一场比赛的决心。但是如果这种理想情况没有发生呢？

你已经表达了对队员们的信任，球迷们也表达了对他们的信任。你已经点燃了他们的斗志，让他们比之前打得更好。但是在他们的心中，他们已经败了，更糟糕的是，如果他们连败两次，这一事实就可能让他们重新衡量他们的能力。他们可能无意识地开始觉得自己赢不了，自己的团队能力有限。这可能导致他们停止努力——不是因为他们想这样做，而是因为他们在潜意识当中已经将自己定位成了失败者。

这个问题的解决方法是，运用在本章开头所讨论的改良版自我催眠技术，让你的团队放松下来，并给出以下积极暗示：

当你和＿＿＿＿＿＿＿（下一场比赛对手的名称）比赛的时候，你会感觉到非常地放松，一切尽在掌控，信任与你共同协作的队友。你会从团队的得分当中获得最大的快乐。你会喜欢进攻，你们将为团队的得分而共同努力，任何一位队友得分的时候，你都会非常骄傲。

你也会乐于防守，乐于阻止对方得分。当你和队友一起合作阻止＿＿＿＿＿＿＿（比赛对手的名称）得分时，你会感到很开心。

分数对你来说不太重要。无论比分多少，你都会非常放松；不管观众在叫喊什么，你都会非常放松。你的快乐来源于得分，作为团队的成员，你将享受尽你所能去得分的这个过程。不管比赛持续了多久，你都会感觉精神饱满、非常放松，每次得分你都感到很快乐。

不管对方球队如何努力，你都会从阻止他们得分当中获得快乐。不管他们最终得了多少分，你的快乐都会来源于最大限度地阻止＿＿＿＿＿＿＿（比赛对手的名称）得分，与队友一起做最好的防守。

当然，你也可以根据自己的需要来改变暗示的内容，当然，暗示必须是积极的，并且要避免过于看重分数。

你可能会喊：

等一下！

作为教练，我就是为了赢得这场比赛！你是什么意思，我不应该谈论胜利？我会被炒鱿鱼的，我会被嘲笑的，我会被……

停！我刚刚已经说过了，强调胜利就会导致一种"自我挫败"的心理反应。经历几次失败后，团队队员很容易将自己视为一个失败者。你的球员们会尝试振作起来，但他们是如此沮丧，无法再百分之百地投入比赛。更糟糕的是，如果你正好遇到了一个赛季，你的球队很优秀，但是对手更加有经验、技术更高，那时，你的球员就会感觉自己是毫无价值的，即使与其他大多数的球队相比，他们更有竞争力。因此，你的球队队员的整个未来都可能被毁了。

现在，再仔细看一看我让你做的暗示。我是让你告诉队员们，他们会喜欢进攻；我让你暗示他们在不担心分数的情况下尽可能多地得分；我是让你将他们提升到一个享受防守的层次，共同努力去阻止对方球队得分。

一支获胜的队伍是怎么练就的？

他们尽自己最大的能力去得分，同时也尽最大能力去阻止对方球员得分。

他们做得越好，领先的分数就可能越多。这样你就说服了他们去赢得比赛——以一种即使他们输了也不会对他们产生不利影响的方式。

假设最糟糕的情况发生了，你的球队与一支同样得到很好激励的球队相遇，他们拥有更好的技术和更好的经验，可想而知你的球队可能会输——你的队员们已经尽了自己最大的努力，比前几场比赛表现得更好，只是因为和对手不在同一个层次。这种事时常会发生。

现在让我们把这个场景想得更糟糕一些：你的球队遭遇了两三支这样的强队，结果是不管他们打得有多好，他们还是输了每一场比赛。

假设你运用了那种强调获胜的方法，你的团队很可能士气低落，一蹶不振。毕竟，他们可能比以前打得更好——他们可能在压力之下表现更好，在彼此配合方面表现更好，团队凝聚力变得更强了，尽管最终比赛输了。但他们确实输了，而且还不止一次。结果确实令人沮丧，他们想放弃，觉得一切努力都是无用的，他们无法再发挥出最好的水平。

运用我所建议的改变潜意识编程的方法，情况就会完全不同。你的队员可能会因为输了比赛而有些气馁，但这对他们来说并不是很大的问题。他们会乐于讨论自己的得分及他们阻止对方球队得分的方式，或者至少让对方更难以取胜的方式。他们会因为自己在比赛中尽了全力而感到自豪，而不会因为输了比赛而感到气馁。

这种改变的结果是，队员们更加专注于提升团队的技能。他们更积极地进攻，更加努力地防守。他们对自己的能力充满信心，并渴望在其他比赛中磨砺这些技能。失败对他们来说不再重要，成功总会来临，而且不会因为气馁而无法充分发挥。因此，你的动力实际上就更强，你的团队获胜的概率更高，你得到了你想要的结果。

当然，你可以用其他的方式激励队员，但是很重要的一点是，永远不要强调获胜是你的目标。你可以给出一些暗示来加强队员之间的竞争，也可以聚焦于对比赛而言十分重要的一些技术点，但是你必须强调，不管最终的结果如何，这些积极的行动都是可以实现的。通过这种方式，你将拥有你想要的那种获胜的团队，并且降低那种形成一个从长远来看可能导致失败的逆向机制的风险。

本章重点

1. 团体运动中，你必须为 3 个不同的目标重新设定你的潜意识：提高你的技能，提升你与队友连接互动的能力，培养你的团队意识。

2. 为了记住战术规则，你需要做的是：把战术手册带回家；找个能让你放松的地方，把自己带进自我催眠状态；植入相关的暗示。

3. 如果你是教练，你可以引导队员进入自我催眠状态，帮助他们更快地学会战术。

4. 不管你从何时开始学习一项运动，身体训练与适当的潜意识编程结合在一起，可以确保一个新手运动员拥有和打了好几年比赛的运动员一样的成功潜质。

5. 团队训练是发现你自身劣势、优势以及你需要关注的互动问题的最好时机。

6. 基础训练中可能出现的问题：炫耀卖弄，恐惧与混乱，缺乏耐力，在有压力的情况下无法正常发挥。

7. 克服紧张焦虑的最佳时间是在比赛之前，无论外在的力量如何影响你的情绪，你都要组织好你的暗示内容，让你的潜意识能够正确地看待比赛。

8. 传统的强调胜利的高压教练模式往往会引发队员的自我挫败感。

9. 为潜意识重新编程可以让队员们更加专注于提升团队的技能，更努力地进攻和防守，让他们对自己的能力充满信心，并渴望在其他比赛中磨砺这些技能。

11
残疾人运动员

　　杰夫一直是一个半职业保龄球选手，上一次我看他打保龄球时，他每场比赛的平均成绩是180分。但当他第一次来找我时，他的平均成绩只有我上次看到的那晚成绩的1/3，并且非常沮丧。6个月前，他在一场工业事故中失去了双腿，他觉得自己再也不能享受运动了。在他看来，坐在轮椅上能打出接近出事故前的最好成绩简直是个奇迹。但是他确实做到了。

　　琳达是我的另一个客户，也是残疾人运动员。她是一位天生的运动员，又高又瘦，喜欢篮球、排球、网球和高尔夫球等各种运动。那天，她出去慢跑，一个喝醉酒的司机突然开车横穿过车道，撞倒了正在跑步的她。她的背部并没有骨折，但是，她的脊椎受到严重损伤，有几个月的时间她几乎瘫痪了。之后她开始重新学习走路，但很多时间她需要坐轮椅，她很沮丧，希望回到钟爱的运动项目中去。

　　轮椅篮球成了琳达选择的运动项目。当她完成训练之后，已经变成了一个技能娴熟的球员了，能够像健全运动员一样高效地投篮。当然，她这种运动改装型轮椅比跑步要慢一些，她的拦截和行动控制力较差，但是由于她是与其他坐在轮椅上的运动员一起比赛，这种局限性是平等的。让琳达高兴的是，她可以施展她的投篮技术，之前她以为自己永远失去了这个能力。

残疾人运动员的意象不应该是消极的。这不是说残疾人运动员可以和没有残疾的顶尖运动员在同一个运动项目中竞争，并取得同样好的成绩。残疾人运动员拥有的机动性、灵活性越强，就越容易掌握好运动技能。然而，大多数残疾人运动员的问题在于心理上的障碍，而不是身体上的。

"你怎么敢这样说？！" 你可能会问，并因为我忽视了你、你的朋友或者你挚爱的人所遭受的身体残疾而感到愤怒。

答案很简单。每个人在运动中都或多或少有一些障碍。一个腿短的人，永远不能像腿长的人那样迈出更大的步幅。一个高 1.58 米的篮球运动员也总会在那些高 1.96 米的运动员面前处于不利地位。然而，因为这些运动员的不利条件不涉及身体上的伤病，他们就从不认为身体上的差异是一个值得担心的问题。这些运动员会用上天给他们的优势来参与运动。矮个子的篮球运动员可以训练出快速的机动性、灵活性、弹跳力，以及很多不同的投篮方式；而那位腿短的跑步运动员可能会用更快的迈步频率来弥补他不够大的步幅。所有运动员都是如此。

当一个人有明显的残疾时，他们受到的局限就变得非常明显。每当一位残疾人因为瘫痪而无法站立，因为失明而无法看到东西，或者呈现出任何其他问题时，困难都是显而易见的。如果这种残疾是天生的，已经够糟糕了；如果是因为服兵役、事故、疾病或者其他后天原因造成的，情况就更糟糕，因为你总是在头脑当中强化自己的不同。

事实上，你可以做出许多调整来适应你的残疾，这种调整必须从你的潜意识向积极动机的转变开始，然后开始克服你的障碍，你会发现你的潜力超乎你的想象。

以那位坐在轮椅上的保龄球选手杰夫为例，他是一名半职业运动员，在失去双腿之前就已掌握了这项运动。他会飞快地迈着步伐，手臂向后移动，眼睛盯着他想要击打的那个口袋（1号瓶与3号瓶或1号瓶与2号瓶之间的空隙），打出一个又一个全中。他知道如何利用他的身体来达到他想要的结果。

突然间，杰夫变成坐在轮椅上的人。然而在他的脑海里，他依然记得所有正确的投球技术，他试图在轮椅里做和以前能正常走路时一样的动作，但是都没有成功，因此变得非常沮丧。

在催眠治疗过程中，杰夫逐渐接受了他再也不能行走的现实。他总是受到轮椅的局限，他需要遵循和以前一样的瞄准和投球的原则，但是他现在必须用一个不同的策略。他不能再利用跑步作为助力，所以他就换了一个更重的球，并且调整了自己的轮椅，这样他就可以以坐姿击打那个口袋了。改变位置并使用一个更重的球可以弥补他无法增加摆臂力量的不足，他逐渐恢复到了过去的技术状态。他学会了在自己的局限之下训练出最适宜的技能，而不会因为他不能够像过去那样打保龄球而感到挫败。

视觉化

如果你是残疾人，且一直在阅读这本书，你会记得，我经常建议你做视觉化练习，找出你知道的一个技能高超的运动员，然后在脑海中设想你成为他的样子，你会看到自己通过重复那个人完成的技术，从而有力地强化自己的训练。

残疾人运动员最突出的问题是，他们想要做他们在受伤之前做过的技术动作。他们视觉化一个身体健全的运动员，并且想要模仿那个人，而以他们的身体条件是不可能实现的。这样一来，原本可以作为积极改变的有力工具的视觉化突然间就变成了一种消极的程序。

解决的方法是，运用和之前同样的视觉化技术，视觉化一个技术高超的残疾人运动员，这样你就可以模仿和你拥有同样优势和局限的人。他可以做到的，你也同样可以做到。

你可能无法找到像你这样参加同一项运动且有同样局限性的人做参照，在这种情况下，你就必须去视觉化自身的残疾状态，而不是哀叹身体的缺陷。

假设你的运动项目是篮球。通常，你总是会与跟你一样坐在轮椅上的人去打比赛，那么，你们无法快速、灵活、机动地行动就不再是一个问题，所有的防守和攻击节奏因为你们都坐在轮椅上而变慢，所以你们的关注点就只是抢篮板球和投篮了。

你已经知道了如何瞄准篮筐，以及在一定的距离用不同的方式去投篮。因为你不可能跳起来，不可能再去扣篮或者上篮，但是，其他所有的投球方式都还是可以通过简单的练习来实现的。你只是好像突然变矮了一样，需要重新适应和学习投篮，这意味着你要稍微改变投篮的角度，比站着的时候稍微用力一点。这并不是很困难，只是不同而已。有的时候你也可以请一个教练来指导并修正你的动作。

也有很多残疾人喜欢空手道或武术，那些承认残疾人能力的学校会为坐轮椅的人适当修改技术。教练也通常会坐在轮椅上做示范，演示格挡、出拳以及在身体条件允许的情况下的踢腿。正常的技术会被修改，以突破轮椅对身体动作的限制。在这里，人们被同等对待，唯一的不同就是他们参加运动的方式。

美国跆拳道协会的一位空手道专家就是一个典型的例子，他因为小儿麻痹症失去了右臂，并且上半身2/3的重量都压在他身体的左侧，这极大地影响了他的平衡性。他必须学习如何调整自己的平衡，在训练和拳击时，只用左手格挡和出拳。现在他是一名顶尖的黑带教练，有能力教任何人，无论他们是健全的还是残疾的。

调整到应有的状态

对于某些运动而言，你需要根据自己的局限做调整，并接受一个事实，即你永远无法再像以前那样去参与那项运动。

例如，轮椅网球会限制你的行动。

两个残疾人运动员在身体健全时可能是势均力敌的对手，总是能让对方满场跑，然而一旦坐在轮椅上，他们就不可能再那样机动灵活了。他们必须学习将球打到离对手尽量近的地方，这样，就不需要太多的跑动；否则，每一个发球的人都会赢球，运动就没有乐趣了。一个以前习惯于满场跑的速度型选手必须安心接受更像是接发球一样的运动，这种转变是由于轮椅的限制所决定的，而且不能改变。

同样，长跑运动员仍然可以坐在轮椅中享受比赛，但他的下肢不可能再运动。现在他只能锻炼上半身，用手、手臂、肩膀来转动轮椅前进。

盲人必须学会依赖他的听觉或其他感官来参加运动。那些原本习惯于靠视觉观察投球手来打棒球的人就不能够再盯着球了。相反，一个"会说话"的球可以发出一种声音信号，这样盲人击球手依然可以辨别它的位置。他必须学会掌握这种"听球"的技能，当听到球来到了准确位置的时候就挥动球棒，而不是去看球。学习这个技术很耗费时间、很艰难，但是与在孩童时代学习传统打棒球时训练手眼协调能力相比，难度不会更高。

　　对于盲人保龄球选手也是一样，他需要利用那些球瓶发出的声音去寻找定位点。除此之外，其他的所有动作与身体健全的人打球时都是一样的，只是盲人的眼睛已经被耳朵所替代。

本章重点

　　1. 残疾人运动员的意象不应该是消极的。然而，大多数残疾人运动员的问题在于心理上的障碍，而不是身体上的。

　　2. 每个健全的人在运动中都或多或少有一些障碍。但因为这些障碍不涉及身体上的伤病，他就从不认为身体上的差异是一个值得担心的问题。

　　3. 你可以做出许多调整来适应你的残疾，这种调整必须从你的潜意识向积极动机的转变开始，然后开始克服障碍，你会发现你的潜力超乎你的想象。

　　4. 去视觉化一个技术高超的残疾人运动员，这样你就可以模仿和你拥有同样优势和局限的人。他可以做到的，你也同样可以做到。

　　5. 对于某些运动而言，你需要根据自己的局限做调整，并接受一个事实，即你永远无法再像以前那样去参与那项运动。

12
最后的忠告

　　世界上存在的运动种类远不止我们在本书中讨论的这些，但这并不是说，那些没录入本书的运动就不适合用我所教你的自我催眠技术，恰恰相反，我尝试过将它用于各种各样的运动，而你可以将自我催眠技术应用到你喜欢的任何运动当中。

　　当你尝试将自我催眠技术用于一项本书没有特别提及的运动时，第一步是，考虑你可能遇到的问题或关注的重点。

　　例如，滑雪者在不同的水平层次会有不同的问题。初学者可能希望专注于在滑雪的时候放松；可能需要考虑正确的身体姿势和在站立和移动时候的感觉。视觉化你的教练或者一位你所羡慕的技术娴熟的业余爱好者或职业运动员，对你的潜意识进行编程，这样你就可以像专业滑雪运动员一样在滑雪的时候或者偶尔摔倒的时候都非常放松。

　　接下来你可能希望训练特定的技能，比如跳跃或者障碍滑雪。永远记住，你使用这些方法的目的是强化你的技术和技能，而不是让你成为史上最伟大的滑雪者或者赢得一场比赛。你只是在你的潜意识中设定你会竭尽全力，并且很好地掌控那些在你目前的比赛中让你表现最好的因素。

排球还会有其他的问题，比如发球、扣球或者其他你认为的难点，或你正打算提升的技能。

击剑、手球、射箭、射击以及其他很多运动都遵循同样的技术。把你的注意力集中在你想要提升的方面，尽可能将积极暗示和视觉化技术结合起来，运用你的关于运动的基础知识及你日常练习的自我暗示。这样，你会发现自己总是在不断地提升。

比赛中的压力

这本书的大部分内容都是用来帮助你提升自己的能力，为迎接比赛做准备的。你按照本书中所探讨的技术做越多的练习，你在比赛时就会越放松。你的动作会变成自动化的，无论赛场上发生了什么，你的行动都会非常有效。

当你第一次应用本书当中的技术时，这种强化不会强大到能够确保你完全打完一场比赛。可能还会有其他的问题，你会发现，在比赛的压力下，还存在其他令你不舒服的地方。

事实上，许多运用自我催眠多年的运动员在比赛中感觉到压力的时候，会让自己进入自我催眠状态。他们利用暂停、中场休息以及其他的间歇来强化对自己重要的暗示。这对于你来说可能并不现实，但是你可以尝试着做一些能够减压的改进版动作。

首先，让自己放松下来。你可以闭上眼睛或者把视线从那些分散你注意力的选手或球迷身上移开。

然后，开始深深地、慢慢地呼吸，集中注意力让自己平静下来，并清空脑子里关于这场比赛的想法。用鼻子深吸一口气，再用嘴巴吐气；用鼻子吸气，用嘴巴吐气。你的周围有很多噪声，很多人在走动或跑动，观众们在欢呼呐喊，但是这些声音就像轻轻拍打海滩的海浪一样冲刷你。

现在给自己一些积极的暗示，比如：

> 我非常放松，我正在享受这个比赛。我感觉所有的紧张焦虑都从我的体内排出去了。

可以变着花样重复这些暗示，接着联系到你所关注的问题。例如，你可以说：

> 在网球场上，当我开始发球的时候，我会感觉非常放松，控制得当，我体内积蓄着这个力量，所以我的发球是有力且有效的。

或者说：

> 当我开始在场上跑动时，我会觉察到足球的动向，我能够接住它、拦截它，或者保护我的队友拿到球。

你还可以使用其他适合你的方式。

你可能只有几分钟来做这件事，但这几分钟就是你所需要的。你并不是重新进入催眠过程，而是在强化那些已经植入潜意识的积极暗示。通过这样的方式，你会增加自己成功遵循先前设定在潜意识当中的编程的机会，即使你还有一些问题。记住，随着时间的推移，自我催眠可以强化你的潜意识编程，你的能力会随着这种重复不断提升。偶尔出现一些问题也很正常，上面提到的放松技巧会对你有所帮助。

营养与心智

这本书并不涉及个人健康问题，这不是一本"通过饮食和锻炼让你在体育界成名"的书，但是，需要提到一些可以帮助你提升专注力和记忆力的关键因素。

营养对你的心智和身体都有影响。

当你处在压力状态下（这种压力可能来源于赛况、你对想要提升的领域的担心，或者你在享受锻炼的乐趣时），你必须满足身体对营养的需求。否则，你可能会感觉疲劳，无法集中精力，难以继续学习。如果你试图运用兴奋剂来帮助你在赛场上发挥，那么这种情形就会更糟。

我们通常需要关注的是两种最基础的营养，一种是维生素 C，另一种就是我们所熟知的 B 族维生素。它们是对我们的压力影响最大且使我们的身体和心智为运动做好准备的维生素。

维生素 C 通常被称为"压力维生素"，这是我们在面对积极或消极的压力时会用到的维生素。

如果你是一个橄榄球运动员，在带球的时候你突然被对方的 5 个球员包围，他们准备把你撞倒。那一刻的恐惧和压力会导致你消耗更多的维生素 C。

同时，维生素 C 也可能因为你的积极压力而消耗。比如在踢足球的时候，你正在带球进攻，突然发现自己很接近球门。你知道其他队员都在追赶你，但是，你的领先优势很明显，你跑得很快，没有人可以阻止你，你要进球得分了，你将要赢得这场比赛了。你在奔跑的时候很开心，高度兴奋，球迷的欢呼声萦绕在你耳边。此时，你就在经历一种积极压力，同样，这也是要消耗维生素 C 的。

你的反应能力通常是由胆碱决定的，胆碱是 B 族维生素的一种。胆碱会影响神经突触，能够帮助你的心智控制你做出动作以及控制你的行动速度。在你注意到一个对手向你跑来和你做出闪避动作之间有一个时间间隙，这个间隙可能只有几分之一秒；当你的神经突触因为你的不良饮食（通常是高糖或精白面粉）而受到损伤的时候，这个间隙就可能会延长。而当你体内有足够的胆碱时，你的反应速度就会加快。因为甜食会掠夺人体内的 B 族维生素，包括胆碱。许多运动爱好者都依赖于吃糖或其他的甜食来获得"快速的能量"，实际上，他们是在跟自己作对。在比赛过程中，肾上腺素上升及糖的代谢导致了糖的消耗及 B 族维生素的缺乏，你会感觉更疲劳，反应也会变慢。

维生素 B_3（烟酰胺）和维生素 B_5（泛酸）是天然的镇静剂。安定（容易导致成瘾的药物）的发明者做过一项研究，结果显示，维生素 B_3 可以制造出同样的放松反应，且没有成瘾或滥用的风险。B 族维生素为水溶性维生素，所以如果你服用过量，多余的就会从尿液中排出来。因此很多教练和随队医生都会建议运动员同时服用维生素 B_3 和维生素 B_5，来作为肌肉放松剂和镇静剂。最重要的是，这种组合不会让你的动作变得迟缓，也不会让你在比赛前或比赛中感到疲劳。它会让你在比赛前一天，在你非常紧张的时候睡得更舒服，但是也不会阻止你为比赛变得兴奋起来，也不会以任何方式延迟你的反应时间。

维生素 B_6，有时候也被称为记忆维生素，因为它可以帮助头脑放松，并且让你在睡眠中发泄掉一些问题。如果你做梦有困难或者记忆困难，可以服用维生素 B_6，它可以让你做更多的梦，从而让你非常放松，并且帮助你为比赛做好准备。

除了你学过的这些心理训练之外，本书也会帮助你了解更多关于营养的知识。你应该咨询营养学家或受过营养训练的医生，以获得具体的建议。

但是，一般来说，参加运动的成年人经常会通过每天服用多种维生素或者多种矿物质药片来受益。不要以品牌为标准来选择，读一下标签上的成分表，并对比你的实际需求。你不应该买含糖的维生素，虽然很多人都这样做；也不应该因为看了广告就认为某一种维生素是"最好的"。此外，最低每日摄入量并不是评估你自己需求的最好标准，许多关于最低每日摄入量的传统建议已经被今天的研究者们所摒弃。通常你需要比最低每日摄入量更多的维生素。

大多数运动员每天至少服用 1 克，通常多达 3 克的维生素 C，这种维生素可以帮助伤病复原。

摄入 B 族维生素补充片是一个好主意，通常一天吃 2~3 次比较好。

但是，请记住，你服用的所有 B 族维生素补充片中每一种维生素的含量应该是相同的。那些标记为超级 B 族维生素或者其他术语的，就意味每种维生素的含量是不同的，因为某些维生素更便宜，所以含量会更高。研究发现，如果你摄入的 B 族维生素片中每种维生素的含量不同，你就不能够完全受益。只有当你服用单种维生素，如维生素 B_3 或者维生素 B_5 作为补充时，你才可以改变用量，这样你才能有效地补充营养。

维生素 B_{12} 对于那些早晨起床困难的人来说是一种天然的兴奋剂。研究发现，那些早晨起床困难、无法通过喝咖啡彻底唤醒自己的人，通常需要补充维生素 B_{12}。运动员应该避免任何咖啡因或其他的人造兴奋剂，因为这些东西都会影响你在运动场上的表现，而 2000 毫克的维生素 B_{12} 能够提供你所需要的全部能量。

当然，正如我所提到的，具体怎么补充维生素应该求助于营养学家。但是，一般来说，下面的饮食建议能够令你保持更好的身心状态，进而帮助你取得最佳的成绩。

果汁

很多运动员觉得他们应该喝佳得乐（运动型饮料的一个品牌），或者类似的电解质替代饮料。这在你水分流失严重的时候可能会有所帮助，但是通常来讲，你需要喝果汁或蔬菜汁以摄入足够的营养。这些果汁应该是不加糖的，在口渴的早期阶段，你会发现橙汁可以带给你与佳得乐或类似饮料同样的能量提升，经常喝会更好。

肉类

许多运动员觉得他们必须吃大块的牛排来增强体格或为比赛做准备。一些足球运动员通常会在大赛之前吃牛排，之后又发现这个食物在比赛的压力下很难消化，他们会感到胃部不舒服。

通常来讲，你会发现肉类，尤其是一些动物内脏对你有利。你可以通过摄入鸡蛋、三文鱼、动物内脏（肝脏等）或牡蛎来获得人体所需要的大多数能量，因为它们富含维生素 B_{12}。在比赛之前，动物的肝脏能够比牛排更有效地为你提供能量。

从长期来看，你的日常饮食应该注重吃鱼肉和家禽，而不是牛肉。因为牛肉会增加你的胆固醇，并带来很多其他问题。而鱼肉和禽肉同样能为你提供能量，并且风险更小，对你的健康更有益。

水果

新鲜的水果对你来说是极好的。如果你对它们在维持电解质平衡和解渴方面的作用有任何疑问，请看看那些极限长跑运动员，他们总是吃橙子，以保持跑马拉松时的能量水平。

不要在吃水果的时候加糖。虽然煮过的水果也会有好处，但最好是生吃。如果你要买水果罐头，看看它的标签，是水浸的还是糖浆浸的，糖浆浸的水果会添加更多糖分。

永远记住，"糖是一种能量食品"的观念是不完全正确的。当糖在你体内时，在肾上腺素释放出来代谢它之前，有一瞬间你会有能量。因为糖会让你的身体误认为你已经吃了一顿饱饭；一旦肾上腺素大量释放出来，糖就被消耗掉了，你会突然之间变得非常疲惫，很难参与比赛，更难以清晰思考；你变得非常疲劳，相当沮丧，并且可能很难对你的潜意识编程做出反应。在比赛结束时，这个看似快速的提升可能对你产生不利影响。因此，如果你想要用营养物质来提升精神状态或身体训练的话，最好避免任何形式的糖。

蔬菜

新鲜、刚好煮熟、罐装（仅是水浸的）以及冷藏（没加糖）的蔬菜都对你很有好处。其中最有营养的蔬菜包括四季豆、西蓝花、番茄、花菜、鳄梨、泡菜、萝卜、芦笋、豆芽菜、西葫芦、南瓜、胡萝卜、卷心菜、茄子、绿豆、芹菜、甜菜、红萝卜、青豆和莴苣。

许多训练餐不仅会提供牛肉，还会有炸薯条，但是在你想要获取营养物质来提升自己的精神状态时，选择炸薯条会有一系列的问题。

首先，炸薯条通常是由剥皮的土豆做成的，但土豆表皮里含有大量的维生素C。

油炸土豆使土豆更难消化，另外其中的脂肪可能已经开始变质，虽然口感没有多大差异，但会影响营养的吸收。

很多人觉得吃薯条唯一正确的方式就是将它们蘸着番茄酱吃，这个酱的含糖量和含盐量都很高。摄入过量的糖会影响你的能量水平，让你很快感觉疲惫；而摄入过量的盐会让你血压升高。

烤土豆营养丰富，能提供运动所需的全部营养和能量，它应该是运动员们首选的土豆吃法。

糙米也是平衡饮食的好食物。它比精加工过的大米颜色略深，它提供了你所需要的营养，而这正是大米所缺乏的。

给你的饮食做一个整体规划，天然的食物会帮助你提升运动表现，并加强在自我催眠中积极暗示的功效。你还会发现，当饮食与你在精神和身体上的训练相匹配的时候，你会更加警觉，学习能力更强，也更容易发挥出最佳状态。

无论你目前的技术水平如何，你现在都已经是一位很成功的运动员了。你已经体验了比赛的乐趣和竞争的刺激，并渴望在你的能力范围内成为最好的运动员，即使你的技能和能力还在不断地提高。你具备了赢家的态度，你购买这本书只会让我更加相信，你为的是让自己做到更好，超越自己的最佳能力。

通过本书，你已经能够突破成为顶尖运动员的终极障碍——你的潜意识当中的消极编程。当你感觉灰心、失落或者遇到问题的时候，就重复阅读那些跟你的运动兴趣相关的章节，练习你已经学习的自我催眠技术，并且将它们与日常的训练和比赛结合起来。你会发现，你能力的提升是惊人的。你会拥有与顶级职业运动员同样的潜意识编程，你未来的潜能是无限的。

本章重点

1. 自我催眠技术可以应用到你喜欢的任何运动当中。

2. 把你的注意力集中在你想要提升的方面，尽可能将积极暗示和视觉化技术结合起来。

3. 许多运用自我催眠多年的运动员在比赛中感到压力时，会让自己进入自我催眠状态。他们利用暂停、中场休息以及其他的间歇来强化对自己的暗示。

4. 如果你的自我催眠技术还不够娴熟，可以尝试做一些减压的改进版动作。

5. 营养对你的心智和身体都有影响。当你处在压力状态下，你必须满足身体对营养的需求，否则你可能会感到疲劳，无法集中精力，难以继续学习。

6. 我们通常需要关注的是两种最基础的营养：一种是维生素 C，另一种就是 B 族维生素。

7. 维生素 C 通常被称为"压力维生素"，这是我们在面对积极或消极的压力时会用到的维生素。

8. B 族维生素中，胆碱决定了你的反应能力；维生素 B_3 和维生素 B_5 是天然的肌肉放松剂和镇静剂；维生素 B_6 被称为"记忆维生素"，可以帮助头脑放松，让你为比赛做好准备；维生素 B_{12} 对于那些早晨起床困难的运动员来说是一种天然的兴奋剂。

9. 给你的饮食做一个整体规划，天然的食物会帮助你提升运动表现，并加强在自我催眠中积极暗示的功效。

10. 阅读此书，练习自我催眠技术，你会拥有与顶级职业运动员同样的潜意识编程，你未来的潜能是无限的。

译后记
让科学催眠助力体育强国梦

2019 年 9 月 2 日，国务院办公厅正式发布了《体育强国建设纲要》，部署推动体育强国建设，充分发挥体育在建设社会主义现代化强国新征程中的重要作用。《体育强国建设纲要》提出，到 2035 年，经常参加体育锻炼人数比例达到 45% 以上，人均体育场地面积达到 2.5 平方米。

体育强国是近代以来中国人的夙愿，从 1908 年《天津青年》杂志发出"奥运三问"，到 2008 年北京奥运会百年梦圆，再到获得 2022 年冬奥会举办权的北京将成为世界上首座"双奥之城"，几代人为中国的体育强国梦不懈地奋斗着。

在这个中国体育最繁盛的时代，在全民运动健身的大背景下，我们引进翻译了这本为运动健将心理赋能的经典著作，我们翻译团队的每一位成员也都有一种参与体育强国梦征程的使命感和自豪感，我们被激励着、鼓舞着，把更多的精力和专注力投入这本书的翻译和校对当中。

虽然我们做的只是引进、翻译了一本书，但我们可以清楚地预见，这本书将会为体育界的同人带来怎样的理念冲击，将会为参与体育锻炼的每位运动者带来怎样的驱动力。

现在，您已经看完了此书，相信您还记得，仅仅依靠意志力来提升运动能力是远远不够的，您必须学会激发那些决定你的动力和表现的内在资源，您必须用已学会的自我催眠技术调动储存于潜意识里的无限潜能，获得运动冠军发挥最佳状态时的信心与动力。

不管您从事的是哪项运动，我相信，在阅读的过程中，您心中的很多自我限制和自我怀疑都已经被化解掉。当然，如果是需要在催眠状态下才能解决的问题，您就要利用本书教您的自我催眠技术把自己带入理想的催眠状态。

在本书的实战操作环节中，我猜您会遇到以下三大挑战。

第一大挑战：只阅读不实操。

很多人读书时都可能有这种情况。

诚然，读书，读书，书确实是用来读的，但读到的所有内容，只有在付诸实践的那一刻起，才能产生真正的价值。

我在课堂上经常讲："知识是一种幻觉。"

就像您买一本书看过了，或者在听课时把幻灯片拍照了，心中可能会产生一种获得感，但是，这是假的，因为你的大脑并没有记住，你的身体也没有相应的体验和反应。

自我催眠更是如此，只有实操之后，您才能获得真实的体验和感受，才能真正地开启全然未知的能量之源。这才是约翰·卡帕斯写本书的初衷，也是我们团队翻译出版本书的目的。

所以，请答应我，一定要实践书中的方法，实践之后遇到的所有问题我们都可以帮您解决，但是，如果不去实践，那么我们就一点儿也帮不上您了。

第二大挑战：记不住脚本。

确实，在您刚看第一遍的时候，对书中的脚本肯定不够熟悉，也肯定背不下来，但这不是您停下来的理由。

事实上，不仅是您，就连很多现在在各个应用领域里成绩斐然的专业催眠师，在我的催眠课堂上初学催眠时，也会因为记不住脚本而自信心受挫，甚至怀疑自己不适合从事催眠师这个职业。但是，后来他们通过了背诵这一必经的关卡，现在他们都能熟练地使用催眠这一有力工具去帮助身边的人了。

就像您喜欢或正从事的一项运动技能一样，掌握自我催眠也需要一个熟能生巧的过程。虽然您可能并不想成为一个专业的催眠师并以此为生，但是，为了更有效地利用自我催眠这个助力工具帮助您在运动场上发挥得更好，对于第二章的自我催眠技术，您需要反复阅读，至少50遍，甚至100遍，直到将自我催眠的流程和步骤烂熟于心。因为其他各项运动章节中的治疗性暗示也都是在第二章的技术基础之上做的衔接补充，所以第二章的内容是重中之重。

我课上常讲，"重复才是学习之母""没有谁比谁强，只有谁比谁重复的次数更多"，相信我，您在催眠技术上的重复学习会带给您加倍的回报，会反映在您的运动成绩的提升方面！

第三大挑战：您需要将多场景的脚本拼成自己专有的方案套餐。

每项运动都有不同的特点，也都有不一样的难点和突破点。如果您已看完此书的话，一定会为约翰·卡帕斯博士的专业度感到震惊，因为他为您设置了很多可能遇到的场景，并给出了在那个场景下应该采取的暗示脚本。

所以，在您提升运动成绩的过程中出现任何问题都可以在书中找到对应的暗示脚本，或者根据类似问题的场景推理出自己专有的脚本。

而我说的挑战正是这个时候，您或许会有"只缘身在此山中"的自我迷失，看不清楚自己的问题；或许更有"乱花渐欲迷人眼"的无所适从，不知道该如何选择脚本，这个时候，您可以向同样学习过此书的队友、教练寻求帮助，借外来的视角突破您当下的迷局。当然，您也可以向擅长此领域的专业催眠师寻求帮助。

如果您真的需要一名专业的催眠师，那该怎样选择催眠师呢？

首先，我必须承认，目前市面上的催眠师良莠不齐、鱼龙混杂，只学了一点皮毛、只会做个"人桥钢板"表演秀就自诩"大师"的人并不鲜见。

所以，为了真正地帮助到您，让您从催眠中受益，而不是因某个业余催眠师给您带来的不良感受而让您误解催眠、远离催眠，错过催眠带给您的更多可能性，我接下来给您提供 3 条选择标准，仅供参考。

我认为，您选择的催眠师应该符合以下 3 个要求。

第一，他应该比您更熟练地说出本书中的重点，尤其是您想要提升的那一个运动项目。您可以拿着本书作为考题来向他提问，问他某项目中可能出现的难点和突破点是什么，如何用催眠去解决，关键暗示是什么。

第二，他应该很熟练地操作 HMI 催眠技术。您可以问他有没有读过《HMI 专业催眠师教程》，会不会里面教的焦虑型催眠引导技术。您可以不读《HMI 专业催眠师教程》这本书，不知道什么是焦虑型催眠引导技术，但他必须解释清楚，因为他是专业催眠师。

第三，如果他能有美国催眠动机学院（HMI）颁发的证书，可能更加有可信度。美国催眠动机学院（HMI）是美国第一家国家认可的催眠大学，本书作者约翰·卡帕斯是该校的创始人，所以，我们有理由相信，正式学习过 HMI 催眠课程的催眠师能更精准地理解本书的精髓，更有效地执行帮助您超常发挥的催眠方案。

除了这 3 个关键要求外，对方的信誉、服务质量、收费价格等因素，也要做一个精细的考量，毕竟，在您选择的背后，除了金钱之外，机会成本也是您要付出的巨大代价。

或许在您选择一圈之后又会萌生出一个想法：与其冒险将自己的未来交给别人，还不如自己学会，那便可终生受用。

对，我现在做的就是带您回到原点，回到作者写书教你自我催眠的终极目的。我希望您能真正将本书的效能发挥到极致，这样我们翻译团队的劳动也将呈现出更大的意义。

为了更有效地帮到您，我们录制了本书的读书会视频，放在了"科学催眠传播推广中心"公众号上，帮您消化和理解本书的核心内容。同时，还录制了一部分暗示脚本的录音，为您学习自我催眠做一个示范，同时也方便您直接聆听使用。

如果您在书中发现有不理解的地方想要讨论，可以加我的微信（微信号：KXCMBZR）直接向我咨询。

如果您是网球、保龄球、拳击、武术、高尔夫等各种运动场馆、健身中心、各种球队或体育机构的负责人，想要团购此书送给您的团队成员、会员或客户，那么也可以联系我，除了团购的折扣外，我还可以安排我们团队的催眠师，甚至我本人去帮助您，为您的团队成员、会员或客户做现场催眠，帮助他们真正地激发潜能，提升他们在运动场上的表现。

正如开篇时所说的，能为实现我们的体育强国梦，做一点力所能及的事情，我们很自豪。我们希望这本书能够让更多的人知道并阅读，从中受益。我们希望科学催眠能够为每位运动员助力，让他们创造出其职业生涯中最绚丽的篇章！

孔德方

科学催眠传播推广中心

扫码关注公众号

附录

美国催眠动机学院（HMI）出版的著作

　　随着《HMI 专业催眠师教程》的热卖，美国催眠动机学院（HMI）和约翰·卡帕斯博士的认知度也越来越高，催眠行业的同行更加全面地了解到，在目前世界上最先进的现代催眠治疗理论研究的前沿战线上，除了艾瑞克森之外，还有一位比艾瑞克森年纪小了20多岁，却与他争论了半辈子的著名催眠大师约翰·卡帕斯博士。

　　约翰·卡帕斯博士是一个非常成功的催眠治疗师，同时也是作家、白手起家的百万富翁。他依据自己 35 年来帮助他人成功挖掘潜能及提升他们潜意识的强大力量的经验，创造了很多革命性的创新概念和理论。

　　他不像某些催眠治疗师或心理治疗师那样，在世时并不出名或生活清贫，去世后理论被放大传播成为神话。他更像是一个用催眠改变人生的实践者和受益者，他将自己创造的潜意识重新编程的理论和技术应用于自己身上，获得了巨额的收入，取得了成功。他娶了一位好莱坞影视女星做妻子，服务的客户也都是各界名流：顶级明星、著名运动员、商业巨头、政治领袖，甚至还有一位登月宇航员。

　　约翰·卡帕斯博士正式出版的书有 6 本。

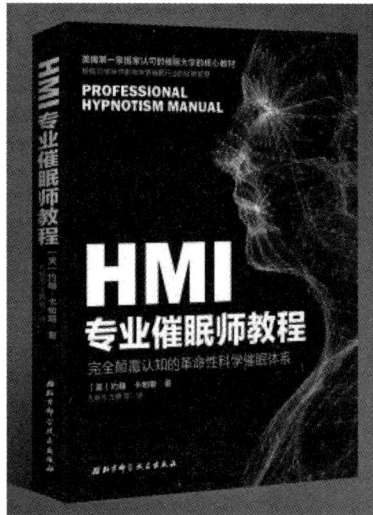

《HMI 专业催眠师教程》

约翰·卡帕斯博士的《HMI 专业催眠师教程》不仅仅是一本关于催眠的书，事实上，它是研究在潜意识行为保护伞下人类行为的综合系统。

在这本书中，约翰·卡帕斯博士提出了"信息单位及超载"催眠理论、"情绪型和躯体型暗示感受性／性特征"的革命性模式，完全颠覆了先前的催眠的概念和工作机制，掀开了科学催眠的新篇章。

"情绪型和躯体型"模式提供给催眠师一个路线图，按照此路线图，催眠师可以根据客户的沟通风格和人格类型来量身定制出适合对方的催眠暗示。

所以，书中所含的新概念和无数宝石般的实践智慧使这本书获得了"现代催眠经典书籍"的荣誉。

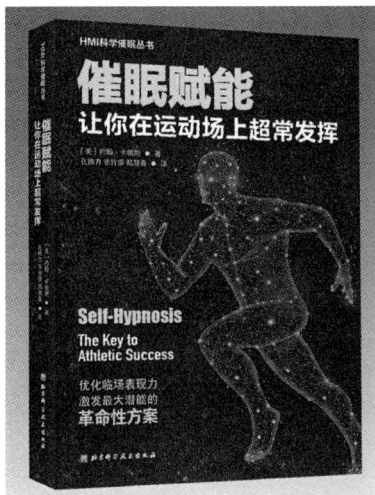

《催眠赋能：让你在运动场上超常发挥》

现在你可以提高你的运动技能，无论你是初学者、熟练的业余爱好者，还是职业运动员，因为这里有一本书可以帮助你成为最好的运动员，通过自我催眠！

《催眠赋能：让你在运动场上超常发挥》将教会你自我催眠的技术，这些技术能帮助你培养出职业运动员达到其巅峰表现时的信心和动力。

作者约翰·卡帕斯博士作为执业催眠治疗师，已经帮助过成千上万的顶级运动员。研究发现：提高运动技能仅靠意志力是不够的，你必须学会激发那些决定你的动力和表现的内在资源。在本书中，你将学会这样一个清晰且易于遵循的程序，适用于所有的运动！

无论你是一个职业运动员，希望充分挖掘你的潜能；或者你是一个周末打高尔夫球的人；或者你只是对自我催眠感兴趣，这本书都将让你接触你从未意识到的力量和卓越的源泉。

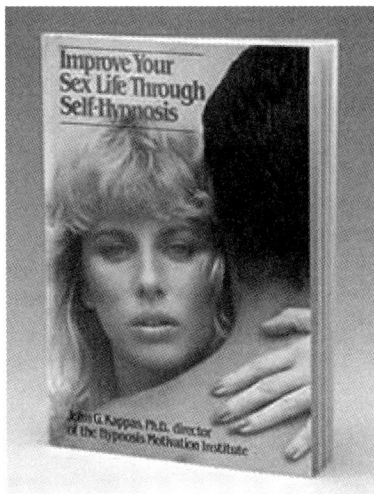

《越催眠越"性"福：自我催眠改善性生活》

《越催眠越"性"福：自我催眠改善性生活》用清晰简洁的语言阐明了作者已经在数千个私人治疗案例中使用过的自我催眠技术。

在本书中，约翰·卡帕斯博士告诉你如何集中你的思想，忘记一切，享受当下的欢乐。

他呈现给你新的视角：过去的经历会造成怎样的问题，如何通过自我催眠结束（或避免）诸如早泄、阳痿、缺乏润滑等常见的性问题。

在书中，你可以通过完成特殊的问卷来测量你的性特征和暗示感受性，通过自我催眠提供了一个实用的、能够改善你性生活的、让你体验完全欢乐的有效途径。

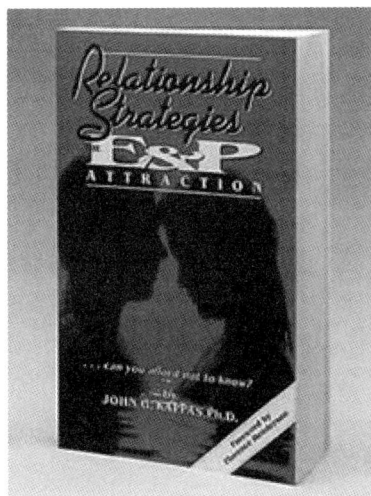

《两性关系策略：情绪型 & 躯体型性特征吸引力》

成功的两性关系是我们生活中最重要、最困难的部分。

为什么有些人在两性关系中比别人更挣扎，为什么有些人比别人更成功？或许行为科学可以回答这些问题。

30 多年来，在约翰·卡帕斯博士的领导下，美国催眠动机学院（HMI）一直在研究：我们的两性关系模式中有多少是由我们的潜意识支配着？我们在关系中的行为有多少是在童年时期被编程的？潜意识在我们选择关系的过程中扮演什么角色，为什么？

约翰·卡帕斯博士的《两性关系策略：情绪型 & 躯体型性特征吸引力》简单明了地诠释了潜意识如何支配我们选择伴侣，以及为什么我们会一次又一次地重复相同的模式。学习识别我们自己和伴侣身上的这些潜意识特质，开始启动理解、预测和塑造行为这 3 个步骤，使潜意识的强大力量开始为我们工作，而不是阻挠我们建立成功的关系。

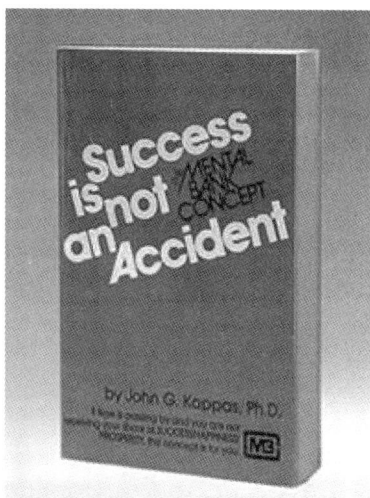

《心灵银行：每天 5 分钟，改变更轻松》

由约翰·卡帕斯博士和 HMI 团队共同研发的心灵银行系统是他们在潜意识和行为重新编程领域研究 50 余年的结晶。

《心灵银行：每天 5 分钟，改变更轻松》解释了易于遵循的心灵银行系统的 5 个协同元素，以及怎样通过每天睡前约 5 分钟的时间让心灵银行起效。

心灵银行系统将会向你展示：你的潜意识是一个目标机器，可以驱动个体实现任何编程。

心灵银行系统让你成为潜意识编程者的一员，让你轻轻松松地变得成功、幸福和富足。

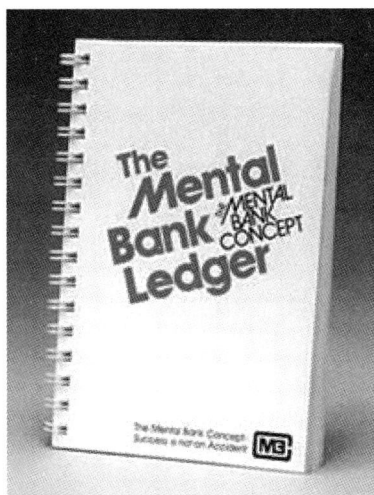

《心灵银行账本》

《心灵银行账本》是实践《心灵银行：每天 5 分钟，改变更轻松》一书中所讲理论的自我完善程序的工作手册。

《心灵银行账本》也伴随着心灵银行课程以及心灵银行系统的现场演示。

《心灵银行账本》是使用心灵银行系统的必要条件，而且很容易使用。

对于那些利用强大的心灵银行系统的人，《心灵银行账本》是他们夜间的伴侣、成功的拍档。

作为美国催眠动机学院（HMI）在中国唯一的授权方，孔德方团队目前已经翻译出版了《HMI 专业催眠师教程》和《催眠赋能：让你在运动场上超常发挥》2 本书，其余 4 本正在出版进程中，敬请期待！